图神经网络原理与应用

赵海兴　冶忠林　李明原　刘　震　著

科学出版社

北　京

内 容 简 介

图可以被用于表示各类对象之间的关系，而图神经网络是指专门用于处理图数据的深度学习模型，可实现对图数据的建模和推断。本书系统地介绍图神经网络的基本原理、常用模型和应用领域等。首先介绍两类最基本的图神经网络方法 GCN 和 GraphSAGE，并给出图神经网络的学习目标、评价方法；其次对图神经网络中常用的模型结构进行深入解析，给出图神经网络在自然语言处理、推荐系统、风险控制等领域的应用，提供 PyG 和 DGL 两类图神经网络建模工具；最后探讨和给出几类自适应学习方法以实现图神经网络自适应学习目标。

本书内容丰富、体系完整、难度适中，适合从事图神经网络研究的学者和工程技术人员阅读。

图书在版编目（CIP）数据

图神经网络原理与应用/赵海兴等著. —北京：科学出版社，2024.3
ISBN 978-7-03-077148-3

Ⅰ. ①图… Ⅱ. ①赵… Ⅲ. ①人工神经网络 Ⅳ. ①TP183

中国国家版本馆 CIP 数据核字（2023）第 233138 号

责任编辑：赵丽欣 / 责任校对：马英菊
责任印制：吕春珉 / 封面设计：东方人华平面设计部

科 学 出 版 社 出版
北京东黄城根北街 16 号
邮政编码：100717
http://www.sciencep.com

天津市新科印刷有限公司印刷

科学出版社发行 各地新华书店经销

*

2024 年 3 月第 一 版 开本：787×1092 1/16
2024 年 12 月第二次印刷 印张：9 1/4
字数：219 000
定价：98.00 元
（如有印装质量问题，我社负责调换）
销售部电话 010-62136230 编辑部电话 010-62134021

前　言

图神经网络的研究并非仅限于复杂网络领域，而是在自然语言处理、视频图像处理、商品推荐等领域也得到了广泛的关注，同时在生物、化学、数学等学科中也发挥了重要的作用。图神经网络是网络表示学习的一个主要研究分支，传统的网络表示学习方法将网络中的节点视为神经网络中的神经元，为其赋予低维度的表示向量。然而，这种方法无法应用神经网络中的一些操作，如卷积、池化等。这些操作在图像处理和视频分析中被证明非常有效且高效，能够显著提升任务在后续机器学习中的性能。因此，传统的网络表示学习方法的研究已转向使用深度学习方法进行网络表示学习，即图神经网络。目前的研究结果表明，即使未经任何优化，图神经网络的性能也远优于大多数网络表示学习算法。

图神经网络的研究是当前人工智能领域的重点关注方向，其价值不仅体现在每年国际顶级会议和期刊的大量论文接收中，更在于其对其他交叉学科领域产生的深远影响。例如，图神经网络在化学领域被用来探索新的化学物质，在生物学领域被用来发现新的蛋白质结构。在知识图谱领域，图神经网络的知识推理和知识发现能力远超现有技术。利用图神经网络模型和训练，可以将各类任务中的相关对象转化为图形的拓扑结构。

在网络搜索中，"图神经网络"的搜索结果也呈现出其研究的热度，在百度搜索中得到了 4000 万以上的结果，在 Bing 国际版中的搜索结果也达到了 7000 万。在学术搜索中，"图神经网络"的结果也远超"网络表示学习"，这进一步显示了图神经网络研究的广泛关注度。虽然图神经网络的研究起源于网络表示学习，但其发展快速，已经成为当前研究的主流。

然而，图神经网络的研究门槛较高，需要深入理解神经网络的基础知识，同时对图论和复杂网络的知识也需要了解。这使得从入门到熟练掌握图神经网络的相关知识和研究方法需要较长的时间成本，尤其是在实践操作上所需的时间更为长久。对于初学者而言，如何研究图神经网络是他们最关心的问题。幸运的是，有许多专著和教材，如《图神经网络基础与前沿》《图神经网络导论》《图表示学习》《图深度学习》《深入浅出图神经网络》等，为初学者提供了学习途径和资源。

为了降低初学者的学习难度，本书剔除了复杂的公式推导，这是因为图神经网络中的傅里叶变换和拉普拉斯矩阵等知识可能给初学者带来较大的学习难度。因此，本书直接提供图神经网络中各层之间的传播公式，并通过图解形式解释公式的含义，清晰地表述基于频域和空域的图神经网络的差异。本书的一大亮点是提供了图神经网络的一些最新观点和常用工具介绍。例如，在第 2 章中，主要介绍如何提高图神经网络的表达力，以及什么是更优的图表示等问题；在第 6 章中，主要介绍常用的图神经网络开源工具，使初学者既能理解其原理，又能掌握其实际应用。此外，本书还全面且详尽地介绍了图自编码器、深度图神经网络、超图神经网络和图神经网络的应用等关键知识。通过阅读本书,初学者无须深究图神经网络的复杂原理,就能理解和掌握图神经网络的相关知识。

本书由赵海兴、冶忠林、李明原、刘震合作完成。此外,特别感谢孟磊、陈阳、王朝阳、唐春阳、李卓然、唐彦龙、崔宝阳、李晓鑫、李格格、刘鸿凯、曹淑娟、林晓菲、周琳、王雪力等在本书的撰写和校对工作中付出的努力。

在本书的撰写过程中,参考了众多学者的网络博客、授课视频、学术报告、专著教材和研究论文等,这些研究成果为本书的撰写提供了丰富的素材,在本书中均以参考文献的形式进行了标识,如果有不慎遗漏的,在此表示诚挚的歉意。

本书得到了国家重点研发计划(项目编号:2020YFC1523300)、青海省创新平台建设专项(项目编号:2022-ZJ-T02)、青海师范大学中青年科研基金项目(项目编号:2020QZR007)的资助。

由于作者水平有限,书中难免有疏漏之处,敬请同行和读者批评指正(作者邮箱 yezhonglin@qhnu.edu.cn),在此深表感谢。

作　者
2023 年 11 月

目　　录

第1章 图神经网络基础

本章介绍图神经网络的基础知识，从图神经网络的概念入手，深入讨论基于谱域和空域的两种主流图卷积神经网络模型。内容不仅涵盖理论层面，还包括如何更好地理解图卷积神经网络以及如何简单实现一个图卷积神经网络的实际操作。

1.1 图神经网络概念

图神经网络（graph neural network，GNN）[1]，从字面上理解，就是图与神经网络的结合。既然是做与图相关的研究，数据通常以图的形式呈现，存在边和节点。如图 1-1 所示为一个简单图，该图有 5 个节点（A、B、C、D、E）和 6 条边（AB、AC、AD、BC、CD、CE），节点上方的向量为该节点的特征。预设节点 A 的特征为（1,1,1,1,1），节点 B 的特征为（2,2,2,2,2）等，那么图神经网络如何在该图上进行学习和优化呢？

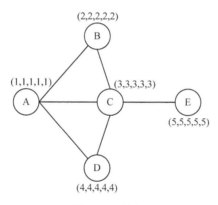

图 1-1 示例 1

图神经网络的学习和优化主要包含两个步骤：聚合和更新，下面分别介绍。

首先是聚合操作。在进行节点分类任务时，通常情况下，仅凭借节点 A 的初始特征并不能准确地将其归类，这主要有两个原因：一是无法确定该节点具有哪种特征；二是节点之间具有关联关系，即节点 B、C、D 的特征可以在一定程度上影响节点 A 的类别。例如，在图 1-1 中，节点 A 与节点 B、C、D 有关联关系，即存在边的连接，假设节点 B、C、D 在图中都有很大的影响力，通过关联节点即可推断节点 A 也大概率有很大的影响力。因此，只通过节点本身的特征无法对节点做出正确判断时，可以通过其邻居节点的特征判断它的类别，这也是图神经网络的一个核心步骤。节点 A 经过一次聚合后，其特征可以表示为

$$N = W_B \cdot X_B^l + W_C \cdot X_C^l + W_D \cdot X_D^l \tag{1-1}$$

其中，N 表示聚合得到的邻居节点的特征信息；X_i^l 表示第 l 层节点 i（i 表示节点的标号）的特征信息；W_i 表示常数系数（即节点 i）的权重矩阵，一般通过模型训练决定，

也可以手动设置,例如,节点 B 对节点 A 较为重要,则将 W_B 的值调高,节点 C 对节点 A 重要性较小,则将 W_C 的值调低。以上就是聚合的过程,简而言之,就是把一个节点邻居的信息按权重系数附加到自己身上,作为自己的特征补足。

聚合之后进行更新操作。在节点自身固有的特征基础上,聚合邻居信息 N,就得到节点 A 更新后的特征信息,即

$$X_{A}^{l+1}=\sigma\left(W_{A}\cdot X_{A}^{l}+\alpha\left(W_{B}\cdot X_{B}^{l}+W_{C}\cdot X_{C}^{l}+W_{D}\cdot X_{D}^{l}\right)\right) \tag{1-2}$$

其中,α 为一个超参数,可通过先验知识或注意力机制等方法获取;W_i 为可学习的权重矩阵;σ 为激活函数(Relu、Sigmoid 等)。

以上介绍的是一层图神经网络,多层图神经网络则是叠加重复以上操作。那么类比一下,多层的意义是什么呢?经过一次聚合之后,节点 A 中包含了节点 B、C、D 的信息,节点 B 中有节点 A 和节点 C 的信息,节点 D 中有节点 A 和节点 C 的信息,节点 C 中则有节点 A、B、D、E 的信息,而节点 E 因为只和节点 C 有连接,所以它只有节点 C 的信息,因此第一次聚合对于节点 A 来说,只能够聚合到节点 B、C、D 的信息。但如果重复聚合更新操作两次,节点 A 也会包含节点 C 的信息,与第一次不同的是,此时节点 C 的信息已经包含了节点 E 的信息,因此可以理解为第二次聚合更新的时候,节点 A 中就能够包含节点 E 的信息,即多层的图神经网络其实就是多阶邻居。例如,二层图神经网络可以得到二阶邻居的信息,三层图神经网络就可以得到三阶邻居的信息,以此类推。

图神经网络可以应用到很多下游任务中,如分类、聚类和预测等。对于节点分类任务,通过聚合和更新得到最终的节点表示,就可以判断节点 A 在整张图中的影响力大小。在做训练时,每个节点可以作为一个样本,通过计算损失来优化更新权重 W,最后对节点进行分类。对于链路预测,可以类比节点分类,例如,预测节点 A 和节点 E 有连接,即直接把节点 A 得到的表达和节点 E 得到的表达拼接起来做分类,通过计算损失来进行优化。

归根到底,图神经网络就是一个提取特征的方法。从一个节点和节点之间关联的图中,能够得到节点 A 的特征和邻居节点的特征,那么就有其结构信息。所以如果从黑匣子的角度来理解,输入节点 A 的特征和整个图的结构,得到的就是包含邻居信息的节点 A 的最终特征,然后利用最终特征可以去做分类、回归或链路预测。

1.2 基于谱域的图卷积神经网络

图卷积神经网络(graph convolutional network,GCN)的基本框架于 2016 年提出,用于处理图结构数据的半监督分类任务[2]。这种算法对图神经网络领域产生了重要影响,GCN 成为许多后续图神经网络模型的基础,并在各种实际应用场景中取得了显著的性能提升。事实上,GCN 是图神经网络的一个变体,是图神经网络的一种特殊形式。1.1 节详细阐述了图神经网络中邻居信息的聚合和节点特征的更新过程,而图卷积神经网络仅仅是对图神经网络模型中聚合过程进行了一项特殊的变化。这个研究方向的成果通常分为基于谱域的图卷积神经网络和基于空域的图卷积神经网络,本节主要介绍基于谱域的图卷积神经网络[3-8]。

基于谱域的图卷积神经网络基于图信号处理理论进行构建,即进行谱操作。谱操作

是指通过傅里叶变换将特征矩阵转移到谱域，从而计算出输入图的谱特征。在此过程中，首先需要计算归一化的拉普拉斯特征矩阵，其本质是在图数据上模拟卷积操作的过程，其中邻居节点的特征被整合到目标节点中，相应的权重值可以通过归一化的拉普拉斯矩阵进行计算。因此，基于谱域的图卷积神经网络的操作公式为

$$H^{(l+1)} = \sigma\left(\tilde{D}^{-\frac{1}{2}} \tilde{A} \tilde{D}^{-\frac{1}{2}} H^{(l)} W^{(l)} \right) \tag{1-3}$$

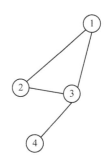

图 1-2　示例 2

其中，$\tilde{D}^{-\frac{1}{2}} \tilde{A} \tilde{D}^{-\frac{1}{2}}$ 是矩阵的相乘；$H^{(l)}$ 表示 l 层节点的特征；$\sigma(\cdot)$ 为激活函数；$W^{(l)}$ 表示要学习一个参数。如果将 $\tilde{D}^{-\frac{1}{2}} \tilde{A} \tilde{D}^{-\frac{1}{2}}$ 部分删除，其实就是一个全连接层神经网络。因此，将重点观察 $\tilde{D}^{-\frac{1}{2}} \tilde{A} \tilde{D}^{-\frac{1}{2}}$。其中，$\tilde{A} = A + I$ 为带自环的邻接矩阵，矩阵 A 表示邻接矩阵，I 表示单位矩阵，$\tilde{D}$ 表示对角矩阵。式（1-3）本质上是 GCN 中不同层之间的节点特征传播规则，也被称为不同层之间的特征更新公式。

图 1-2 为 4 个节点 4 条边的简单图，该图的邻接矩阵 A 和 $\tilde{A} = A + I$ 为

$$A = \begin{bmatrix} 0 & 1 & 1 & 0 \\ 1 & 0 & 1 & 0 \\ 1 & 1 & 0 & 1 \\ 0 & 0 & 1 & 0 \end{bmatrix}, \quad \tilde{A} = \begin{bmatrix} 1 & 1 & 1 & 0 \\ 1 & 1 & 1 & 0 \\ 1 & 1 & 1 & 1 \\ 0 & 0 & 1 & 1 \end{bmatrix}$$

D 表示节点的度矩阵，即 $D_{ii} = \sum_j A_{ij}$，则 $\tilde{D}$ 为 $\tilde{D}_{ii} = \sum_j \tilde{A}_{ij}$，即对矩阵 $\tilde{A}$ 按行求和，得到

$$\tilde{D} = \begin{bmatrix} 3 & 0 & 0 & 0 \\ 0 & 3 & 0 & 0 \\ 0 & 0 & 4 & 0 \\ 0 & 0 & 0 & 2 \end{bmatrix}$$

$\tilde{D}$ 矩阵就是对 $\tilde{A}$ 的所有行求和，再把和的值写在对角线上，这样所形成的矩阵被称作度矩阵。度矩阵表示的是节点的度，图 1-2 是一个无向图，可以发现节点 1 的度是 2，但因为需要加上一个单位矩阵，即在节点 1 处添加了自循环，因此节点 1 的度为 3，节点 2 的度为 3，节点 3 的度为 4，节点 4 的度为 2，故最终得到 $\tilde{D}$ 矩阵。$\tilde{D}^{-\frac{1}{2}}$ 表示对 $\tilde{D}$ 的矩阵元素求倒数再开方：

$$\tilde{D}^{-\frac{1}{2}} = \begin{bmatrix} \dfrac{1}{\sqrt{3}} & 0 & 0 & 0 \\ 0 & \dfrac{1}{\sqrt{3}} & 0 & 0 \\ 0 & 0 & \dfrac{1}{2} & 0 \\ 0 & 0 & 0 & \dfrac{1}{\sqrt{2}} \end{bmatrix}$$

故可求得 $\tilde{\boldsymbol{D}}^{-\frac{1}{2}}\tilde{\boldsymbol{A}}\tilde{\boldsymbol{D}}^{-\frac{1}{2}}$，然后乘以本层的节点特征 $\boldsymbol{H}^l$ 以及可学习的参数 $\boldsymbol{W}$，更新到该节点在下一层的特征。

可以观察到 $\tilde{\boldsymbol{A}}$ 乘以节点的特征矩阵，实际上等同于为图添加了一个自连接的边。因此，在这种情况下，聚合算法将考虑节点 1 的邻居信息以及节点 1 本身的信息。通过这种计算方式，能够聚合节点 1 本身和其周围邻居的信息。同样的，节点 2 也聚合了节点 2 本身的信息与它的邻居信息。从物理意义角度就表示将目标节点的特征和邻居节点的特征进行求和。但是，对于单个节点来说，如果这个节点的邻居节点比较多的话，那么计算出来的聚合特征是比较复杂的，此时需要对该节点的特征进行归一化操作，即 $\tilde{\boldsymbol{D}}^{-\frac{1}{2}}\tilde{\boldsymbol{A}}\tilde{\boldsymbol{D}}^{-\frac{1}{2}}$。为了更清楚地了解 GCN 的过程，接下来介绍一个具体操作案例。

如图 1-3 所示，左边是输入的一个原始图，每一个节点的特征维度是 C，经过一层 GCN 之后，得到了一个新的图（结构不发生变化，只有节点的特征进行了更新），但是节点的特征数由 C 维变成了 F 维，最终将 F 维的特征进行 Softmax 操作，就得到了每一个节点所属类别的概率结果。例如，要做一个 10 分类的任务，最终输出这一层的节点特征数为 10，然后对该 10 维特征进行 Softmax 操作，就得到了该节点所属类别的概率。公式表达如下：

$$\boldsymbol{Z}=f(\boldsymbol{X}, \boldsymbol{A}) = \text{Softmax}\left(\hat{\boldsymbol{A}}\,\text{ReLU}\left(\hat{\boldsymbol{A}}\boldsymbol{X}\boldsymbol{W}^{(0)}\right)\boldsymbol{W}^{(1)}\right) \tag{1-4}$$

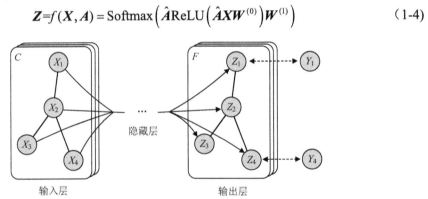

图 1-3　GCN 模型示意图

式（1-4）是一个两层 GCN 的操作。其中，$\boldsymbol{Z}$ 表示最终的节点特征，$\hat{\boldsymbol{A}}$ 为邻接矩阵。用 $\hat{\boldsymbol{A}}$ 乘以该节点本身的特征，再乘以可学习参数 $\boldsymbol{W}$，最后通过 ReLU 函数进行非线性变换，可以计算出经过一层 GCN 后节点的特征表示。同样继续乘以 $\hat{\boldsymbol{A}}$，再乘以第二层的可学习参数 $\boldsymbol{W}$，就得到了最终该节点所属的特征。最终的下游任务是要预测该节点所属的类别，则再经过一个 Softmax 函数，得到该节点所对应的类别，并通过反向传播更新 GCN 的每一层的参数 $\boldsymbol{W}$。

1.3　基于空域的图卷积神经网络

由于其高效、通用和灵活的特点，基于空域的模型相较于基于谱域的模型，更受到大家的青睐。其中，代表性的基于空域的图卷积神经网络模型包括 GraphSAGE、GAT、

LGCN、DGCNN、DGI、ClusterGCN、LightGCN[9-15]。本节将主要对其中经典的 GraphSAGE 模型进行介绍。GraphSAGE 与 GCN 的共同之处在于，它们都使用节点的邻居信息来聚合该节点在下一层的表现。GCN 与 GraphSAGE 之间的差异在于，前者采用的是直推式的方法，后者则是归纳式的方法。具体来说，GraphSAGE 是先采样节点的邻居信息，然后再进行信息聚合。这样操作的优点是，即便在未曾学习过的图上，也可以利用 GraphSAGE 学习节点的特征。

GraphSAGE 的主要步骤包括两点：首先，对节点进行采样；其次，聚合周围邻居的信息，并通过权重矩阵 $\boldsymbol{W}$ 进行学习与优化。

1. 采样

GraphSAGE 的传播过程为

$$N_S(v_i) = \text{SAMPLE}(N(v_i), S) \tag{1-5}$$

$$\boldsymbol{h}_{N_v}^t = \text{AGGREGATE}\left(\left\{\boldsymbol{h}_u^{t-1}, \forall u \in N_v\right\}\right) \tag{1-6}$$

$$\boldsymbol{h}_v^t = \sigma\left(\boldsymbol{W}^t \cdot \left[\boldsymbol{h}_v^t \| \boldsymbol{h}_v^{t-1}\right]\right) \tag{1-7}$$

上述公式中，SAMPLE($\cdot$) 即采样函数，表示将一个集合作为输入，从该输入集合中随机抽取 S 个元素作为输出；AGGREGATE($\cdot$) 函数表示聚合来自邻居节点的信息；$[\cdot\|\cdot]$ 表示拼接函数，将聚合的邻居节点特征与节点自身的特征拼接以生成新的节点特征。

如图 1-4 所示，与节点 1 相连接的节点为 3、4、5、6，且节点特征均已给出。

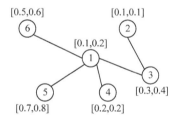

图 1-4 示例 3

GraphSAGE 的具体过程，通过以下公式进行描述：

$$\boldsymbol{h}_1^1 \leftarrow \sigma\left(\boldsymbol{W}^1 \cdot \text{CONCAT}\left(\boldsymbol{h}_1^0, \boldsymbol{h}_{N(1)}^1\right)\right) \tag{1-8}$$

其中，CONCAT($\cdot$) 表示向量拼接函数，即要求的是节点 1 在进行了一次聚合之后的特征表示。$\boldsymbol{h}_{N(1)}^1$ 通过聚合邻域信息获得：

$$\boldsymbol{h}_{N(1)}^1 \leftarrow \text{AGGREGATE}\left(\left\{\boldsymbol{h}_3^0, \boldsymbol{h}_4^0, \boldsymbol{h}_5^0, \boldsymbol{h}_6^0\right\}\right) \tag{1-9}$$

要聚合节点 1 周围邻居的信息，首先需要将节点 1 的邻居节点 3、4、5、6 在上一层的特征表示纳入公式中。然后，通过应用一个聚合函数，可以得到节点 1 在第一层之后的邻居表示，即

$$\boldsymbol{h}_{N(1)}^1 = \text{AGGREGATE}\left(\left\{\boldsymbol{h}_3^0, \boldsymbol{h}_4^0, \boldsymbol{h}_5^0, \boldsymbol{h}_6^0\right\}\right)$$

$$= \text{Mean}([0.3, 0.4], [0.2, 0.2], [0.7, 0.8], [0.5, 0.6]) \tag{1-10}$$

可以观察到，式（1-10）是将节点 3、4、5、6 在第 0 层的特征（即初始特征）进行

聚合，并使用均值函数对这 4 个节点的特征进行聚合，进而求得节点 1 在第一层邻居的特征表示。接下来，将节点 1 在上一层的特征（即 0.1 和 0.2）代入公式，并将之前计算得到的邻居特征也代入公式中。最后，将这两个向量拼接在一起，并通过一个可学习的参数 W 得到如下公式：

$$h_1^1 = W \cdot \mathrm{CONCAT}(h_1^0, h_{N(1)}^1) = W \cdot [0.1, 0.2, 0.425, 0.5] \tag{1-11}$$

通过上述一系列的流程，就可学习到节点 1 在进行了一层 GraphSAGE 之后的特征表示。

在采样部分，在获取目标节点周围邻居节点特征时，并非对所有邻居节点都进行信息聚合，而是采样一定数量的邻居进行聚合。然而，这会引发两个问题。第一个问题是当采样的邻居数量超过周围邻居节点数量时，如何处理？第二个问题是当采样的邻居数量少于周围邻居节点数量时，如何处理？

假设需要采样的数量为 m，如果目标节点的邻居数量大于 m，在这种情况下，正常对节点进行采样即可。如图 1-5 所示，节点 1 有 5 个邻居，假设需要采样的数量是 3，就只需从这 5 个邻居节点中选择 3 个进行采样即可。

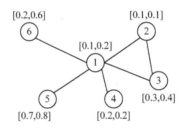

图 1-5　示例 4

同样假设需要采样的数量为 m，如果目标节点的邻居数量小于 m，在这种情况下，采用邻居采样的方式进行采样。如图 1-5 所示，节点 2 的邻居是节点 1 和节点 3，如果需要采样的数量为 3，那么首先需要将节点 2 的两个邻居节点均进行采样，再从节点 1 和节点 3 中随机选取一个节点，作为节点 2 的邻居，这种方式即为邻居采样的方式。一般情况下，两层的 GraphSAGE 就能达到很好的分类效果，并且在 $S_1 \times S_2 \leqslant 500$ 的情况下，得到的效果是比较好的。其中，S_1 表示在第一层采样的邻居节点数量，S_2 表示在第二层采样的邻居节点数量。

以图 1-5 为例详细阐述采样过程。如果需要对节点 1 进行 3 个点的采样，通过图 1-5 可以发现节点 1 的邻居节点为节点 2、3、4、5、6，假设选择的是 2、5、6 这 3 个节点，那么对这 3 个节点进行采样之后，再通过求均值的聚合方式，即可求得节点 1 周围邻居的特征，即

$$h_{N(1)}^1 = \mathrm{Agg}(v6, v5, v2) = [0.3, 0.5] \tag{1-12}$$

接下来，将节点 1 自身的特征和它周围邻居的特征拼接在一起，最后经过一个可学习的权重参数，即可学到节点 1 在下一层的表示，即

$$h_1^1 = \sigma(W^1 \cdot ([0.1, 0.2, 0.3, 0.5])) \tag{1-13}$$

对于其他节点也采用上述方法进行处理。例如，节点 2 的邻居是节点 1 和节点 3，

如果现在要求 3 个采样节点，则首先需要将这两个邻居节点都进行采样，然后再对邻居节点随机选择一个进行重复采样。例如，采样选择的是节点 3，那么此时节点 2 的周围邻居就是节点 1 和节点 3，再对这 3 个节点的特征求均值，即可求得节点 2 周围邻居的向量表示，最后再将节点 2 和节点 2 的邻居向量拼接在一起，经过一个可学习的参数矩阵 W，即可学习到节点 2 经过一层 GraphSAGE 后的表征。可以发现在同一层所学习的 W 参数都是一样的，这就是采样的过程。

2. 聚合

进行采样之后，接下来就是 GraphSAGE 的第二个关键步骤：聚合。聚合函数的核心任务是将节点周围的邻居节点特征汇聚成一个向量。鉴于图中目标节点的邻居节点并无固定的先后顺序，因此聚合函数需要满足两个核心属性。第一，聚合函数需要具备对称性；第二，聚合函数的结果应与输入的顺序无关，即不同顺序的输入不会影响最终的聚合结果。在图神经网络中，主要存在 3 种聚合函数，分别是均值聚合、长短期记忆（long short-term memory，LSTM）聚合和池化聚合。下面对这 3 种聚合函数依次进行介绍。

（1）均值聚合。均值聚合的计算方式相当直观，即通过求取均值来实现排列无关性，进而得到目标节点的邻居节点表示。在采用均值聚合的过程中，需要首先将目标节点与其邻居节点拼接起来，然后通过一个可学习的参数 W 进行处理。然而，实际操作中，可以选择无须进行拼接操作，而是直接对目标节点及其邻居节点进行均值计算，再通过一个可学习的参数 W，就能学习到目标节点的特征表示。这两种方式均能有效地学习到节点的特征表示。

（2）LSTM 聚合。LSTM 聚合本身是针对时间序列设计的长短期记忆神经网络，因此具有顺序性。但通过将输入节点顺序随机排列，也可以将 LSTM 聚合用于无序模型中。由于 LSTM 聚合参数量较大，因此，其聚合效果往往要优于其他聚合方式。

（3）池化聚合。池化聚合通过如下公式实现：

$$\text{AGGREGATE}_k^{\text{pool}} = \max(\{\sigma(W_{\text{pool}}h_{u_i}^k + b), \forall u_i \in N(v)\}) \tag{1-14}$$

其中，$h_{u_i}^k$ 为邻居节点的特征；W_{pool} 为权重矩阵；b 为偏置项。通过式（1-14）即可学到该目标节点的特征。

1.4　如何更好地理解 GCN

为了更深入地理解图神经网络，需要从另一个角度进行详细解释。本节将探讨一些深入的观点和分析，以帮助读者更全面理解图神经网络的内涵和应用。

基于空域的图神经网络可以被理解为卷积神经网络（convolutional neural networks，CNN）在图数据上的扩展应用。在传统的全连接网络中，常常面临参数过多和难以处理的问题。CNN 通过利用图像的局部平移不变性来聚合局部特征，从而减轻模型的参数负担。这种思维也可以应用到图数据上，即图中的某个节点的信息与其他节点之间存在紧密的相关性。如果用多跳邻居节点来表示每个节点，模型的参数量将变得非常大，也就增加了计算的复杂度。因此，可以借鉴 CNN 的方法，将网络的局部特征聚合，用节点的一跳邻居节点信息来表示，其中一次计算仅涉及一跳邻居节点的信息，多次计算则需要多跳邻居节点的信息。因此，可以得到节点特征的迭代公式为

$$H^{(l+1)} = \sigma\left(AH^{(l)}W^{(l)}\right) \tag{1-15}$$

其中，A 为邻接矩阵；$H^{(l)}$ 为第 l 层的节点表征。

通过式（1-15）可以给出基于空域的 GCN 公式为

$$H^{(l+1)} = \sigma\left(\tilde{D}^{-\frac{1}{2}}\tilde{A}\tilde{D}^{-\frac{1}{2}}H^{(l)}W^{(l)}\right) \tag{1-16}$$

其中，$\tilde{A}=A+I$；D 为节点的度矩阵；$\tilde{D}^{-\frac{1}{2}}$ 指对矩阵 D 中的元素先求导数再开平方；H 是节点的特征矩阵；W 是需要学习的权重参数；σ 是激活函数。

下面通过式（1-16）的物理意义来深入解释 GCN。首先来看为什么要用 $\tilde{A}$ 代替 A。如图 1-6 所示，其为一个简单图，$[x_i, y_i]$ 为节点的特征属性。

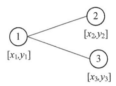

图 1-6　示例 5

由图 1-6 可得该图的邻接矩阵、特征矩阵如下：

$$A = \begin{bmatrix} 0 & 1 & 1 \\ 1 & 0 & 0 \\ 1 & 0 & 0 \end{bmatrix}, \quad H = \begin{bmatrix} x_1 & y_1 \\ x_2 & y_2 \\ x_3 & y_3 \end{bmatrix}$$

且可得 $\tilde{A}$，即

$$\tilde{A} = \begin{bmatrix} 1 & 1 & 1 \\ 1 & 1 & 0 \\ 1 & 0 & 1 \end{bmatrix}$$

进一步观察 $A \cdot H$ 和 $\tilde{A} \cdot H$：

$$A \cdot H = \begin{bmatrix} x_2+x_3 & y_2+y_3 \\ x_1 & y_1 \\ x_1 & y_1 \end{bmatrix}$$

观察上述矩阵相乘后的结果，可以发现：$A \cdot H$ 的第一行即为节点 2 和节点 3 的特征之和。$A \cdot H$ 的第二行和第三行即为节点 1 的特征，进一步计算 $\tilde{A} \cdot H$：

$$\tilde{A} \cdot H = \begin{bmatrix} x_1+x_2+x_3 & y_1+y_2+y_3 \\ x_1+x_2 & y_1+y_2 \\ x_1+x_3 & y_1+y_3 \end{bmatrix}$$

观察上述矩阵相乘后的结果，可以发现，$\tilde{A} \cdot H$ 的第一行即为节点 1 本身和节点 2 以及节点 3 的特征之和。$\tilde{A} \cdot H$ 的第二行即为节点 2 本身和节点 1 的特征之和。$\tilde{A} \cdot H$ 的

第三行即为节点 3 本身和节点 1 的特征之和。

可以看出，GCN 在空间上是局部化的，节点聚合的过程只涉及其 1 跳邻居，与传统的 CNN 相比，GCN 在计算时考虑了节点本身的信息。

接下来解释在 GCN 公式中用对称归一化 $\tilde{\boldsymbol{D}}^{-\frac{1}{2}}\tilde{\boldsymbol{A}}\tilde{\boldsymbol{D}}^{-\frac{1}{2}}$ 来处理节点聚合的原因。图 1-7 所示为一个简单图，从图中可以看出，节点 x_i 有 5 个邻居节点，而节点 x_j 只有 1 个邻居节点。在聚合信息时，节点 x_i 聚合 5 个邻居节点的特征，而节点 x_j 只能聚合 1 个邻居节点 x_i 的信息，因为节点 x_i 本身有很多邻居节点，所以节点 x_i 对节点 x_j 的贡献没那么重要，如果节点 x_j 直接聚合节点 x_i 的信息，那么聚合到节点 x_j 的信息就会失真。在 GCN 中，对称归一化的作用就是解决这个问题。

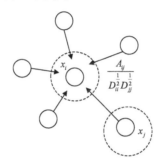

图 1-7　示例 6

那么，对于节点 v_i，第 1 层的信息聚合公式为

$$
\begin{aligned}
\left(\tilde{\boldsymbol{D}}^{-\frac{1}{2}}\tilde{\boldsymbol{A}}\tilde{\boldsymbol{D}}^{-\frac{1}{2}}\boldsymbol{H}\right)_i &= \sum_{k=1}^{N}\tilde{D}_{ik}^{-\frac{1}{2}}\sum_{j=1}^{N}\tilde{A}_{ij}\boldsymbol{H}_j\sum_{l=1}^{N}\tilde{D}_{il}^{-\frac{1}{2}} \\
&= \sum_{j=1}^{N}\tilde{D}_{ii}^{-\frac{1}{2}}\tilde{A}_{ij}\boldsymbol{H}_j\tilde{D}_{jj}^{-\frac{1}{2}} \\
&= \sum_{j=1}^{N}\frac{1}{\tilde{D}_{ii}^{\frac{1}{2}}}\tilde{A}_{ij}\boldsymbol{H}_j\frac{1}{\tilde{D}_{jj}^{\frac{1}{2}}} \\
&= \sum_{j=1}^{N}\frac{\tilde{A}_{ij}}{\sqrt{\tilde{D}_{ii}\tilde{D}_{jj}}}\boldsymbol{H}_j
\end{aligned}
\tag{1-17}
$$

其中，$\tilde{D}_{ii}$ 是节点 v_i 的度；$\tilde{D}_{jj}$ 是节点 v_j 的度；$\tilde{A}_{ij}$ 是添加自循环后的邻接矩阵的元素；$\boldsymbol{H}_j$ 为节点 v_j 的特征。从式（1-17）中可以看出，无论是从空域的角度出发，还是从谱域的角度出发，最终都是为了计算所需要的权重。从空域的角度出发，通常使用加权平均、加权几何平均、注意力机制等；而从谱域的角度出发，则是利用傅里叶变化和拉普拉斯矩阵的方式进行计算。在经典的 GCN 中通过对称归一化 $\tilde{\boldsymbol{D}}^{-\frac{1}{2}}\tilde{\boldsymbol{A}}\tilde{\boldsymbol{D}}^{-\frac{1}{2}}$，即在加权时使用 $\tilde{D}_{ii}$ 和 $\tilde{D}_{jj}$ 的几何平均 $\sqrt{\tilde{D}_{ii}\tilde{D}_{jj}}$ 来消除聚合节点 x_j 对度的影响。

仔细观察式（1-16），可以发现，可训练参数权重 $\boldsymbol{W}$ 的维度与图中的顶点个数是无关的，同一层内的顶点都共享这个参数矩阵。

1.5 GCN 的实现过程

GCN 的工作过程是极其复杂的，因为图的结构非常复杂，但同时也提供了节点丰富的信息。本节将简单介绍 GCN 的实现过程，并使用代码的方式说明信息如何通过 GCN 的隐藏层进行传播。

下面利用图 1-8 所示的简单图的例子来说明 GCN 的实现，该图有 4 个节点 5 条边。

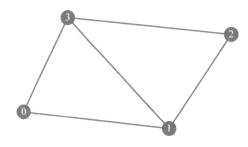

图 1-8 示例 7

步骤一：利用 numpy 将图的邻接矩阵表示如下：

```
import numpy as np
A = np.matrix([
 [0, 1, 0, 0],
 [0, 0, 1, 1],
 [0, 1, 0, 0],
 [1, 0, 1, 0]],dtype = float)
print(A):
                    [[0, 1, 0, 0]
                     [0, 0, 1, 1]
                     [0, 1, 0, 0]
                     [1, 0, 1, 0]]
```

步骤二：为每个节点设置一个二维的特征（节点特征）。

```
X = np.matrix([[i, -i] for i in range(A.shape[0])], dtype = float)
print(X):
                    [[ 0,  0]
                     [ 1, -1]
                     [ 2, -2]
                     [ 3, -3]]
```

步骤三：添加自循环。

```
I = np.matrix(np.eye(A.shape[0]))
A_hat = A + I
print(A_hat):
                    [[1. 1, 0, 0]
                     [0, 1, 1, 1]
                     [0, 1, 1, 0]
                     [1, 0, 1, 1]]
```

步骤四：聚合节点信息。

```
A_hat * X
print(A_hat * X):
                        [[1, -1]
                         [6, -6]
                         [3, -3]
                         [5, -5]]
```

步骤五：特征表示的归一化。

```
D = np.array(np.sum(A, axis = 0))[0]
D = np.matrix(np.diag(D))
D**-1 * A_hat * X
print(D**-1 * A_hat * X):
                        [[ 1, -1]
                         [ 3, -3]
                         [1.5. -1.5]
                         [ 5, -5]]
```

步骤六：假设参数 W 已经被学习，计算 $D^{-1}AXW$。

```
W = np.matrix([[1, -1], [-1, 1]])
D **-1 * A_hat * X * W
print(D **-1 * A_hat * X * W):
                        [[1, -1]
                         [4, -4]
                         [2, -2]
                         [5, -5]]
```

步骤七：添加激活函数。

```
relu (D**-1 * A_hat * X * W)
```

通过上述过程，即可得到下一层的节点表征信息。根据下游任务的不同，可以设计不同的神经网络框架。

参 考 文 献

[1] SCARSELLI F, GORI M, TSOI A C, et al. The graph neural network model[J]. IEEE Transactions on Neural Networks, 2008, 20(1): 61-80.

[2] KIPF T N, WELLING M. Semi-supervised classification with graph convolutional networks[J]. arXiv Preprint arXiv:1609.02907, 2016.

[3] LI R, WANG S, ZHU F, et al. Adaptive graph convolutional neural networks[C]//The Thirty-second AAAI Conference on Artificial Intelligence. New Orleans: AAAI, 2018: 32-41.

[4] BRUNA J, ZAREMBA W, SZLAM A, et al. Spectral networks and locally connected networks on graphs[J]. arXiv Preprint arXiv:1312.6203, 2013.

[5] HENAFF M, BRUNA J, LECUN Y. Deep convolutional networks on graph-structured data[J]. arXiv Preprint arXiv:1506.05163, 2015.

[6] DEFFERRARD M, BRESSON X, VANDERGHEYNST P. Convolutional neural networks on graphs with fast localized spectral filtering[C]//The Thirtieth Advances in Neural Information Processing Systems. Barcelona: Curran Associates, 2016:29-38.

[7] ZHUANG C, MA Q. Dual graph convolutional networks for graph-based semi-supervised classification[C]//The Twenty-seventh World Wide Web Conference. Lyon: ACM, 2018: 499-508.

[8] XU B, SHEN H, CAO Q, et al. Graph wavelet neural network[J]. arXiv Preprint arXiv:1904.07785, 2019.

[9]　HAMILTON W, YING Z, LESKOVEC J. Inductive representation learning on large graphs[C]//The Thirty-first Advances in Neural Information Processing Systems. Long Beach: Curran Associates, 2017:30-44.

[10]　VELIČKOVIĆ P, CUCURULL G, CASANOVA A, et al. Graph attention networks[J]. arXiv Preprint arXiv:1710.10903, 2017.

[11]　GAO H, WANG Z, JI S. Large-scale learnable graph convolutional networks[C]//The Twenty-fourth ACM SIGKDD International Conference on Knowledge Discovery & Data Mining. London: ACM, 2018: 1416-1424.

[12]　WANG Y, SUN Y, LIU Z, et al. Dynamic graph cnn for learning on point clouds[J]. Acm Transactions on Graphics, 2019, 38(5): 1-12.

[13]　VELICKOVIC P, FEDUS W, HAMILTON W L, et al. Deep graph infomax[C]//The Seventh International Conference on Learning Representations. New Orleans: OpenReview, 2019:144-151.

[14]　CHIANG W L, LIU X, SI S, et al. Cluster-gcn: An efficient algorithm for training deep and large graph convolutional networks[C]//The Twenty-fifth ACM SIGKDD International Conference on Knowledge Discovery & Data Mining. Anchorage: ACM, 2019: 257-266.

[15]　HE X, DENG K, WANG X, et al. Lightgcn: Simplifying and powering graph convolution network for recommendation[C]//The Forty-third International ACM SIGIR Conference on Research and Development in Information Retrieval. Virtual Event: ACM, 2020: 639-648.

第2章 图神经网络进阶

本章重点介绍图神经网络的关键问题和研究路线，包括图神经网络学习目标、自适应图神经网络研究、图神经网络的表达能力探索、知识推理等内容。

2.1 好的图表示是什么

图数据无处不在，从社交媒体到互联网。然而，图数据的表示学习是一项具有挑战性的任务，因为图的数据结构复杂并同时蕴含着大量的信息。正因为如此，图神经网络已经成为深度学习领域中一个快速发展的领域。图神经网络的核心目标是将图这种离散结构用向量的形式进行表达，并将其嵌入一个连续的向量空间中，最大化地保留图的拓扑信息。

图神经网络已经超越了之前的传统图表示学习方法成为当前的热门研究领域。图表示学习的核心思想是将图中的节点映射为向量表示，从而能够进行复杂的计算和分析。图神经网络通过消息传递的方式进行算法迭代，为每个节点赋予一个向量表示，其本质在于不断地更新节点的向量表示，并通过非线性变换［如多层感知机（multilayer perceptron，MLP）或其他神经网络模型］来实现复杂的非线性映射。图神经网络采用深度学习中常用的卷积算法、池化、激活函数等操作实现了图上的神经网络模型。传统的图嵌入学习（也称网络表示学习）将图中的节点作为单个神经元，并没有采用卷积、池化等操作，而是采用连续词袋（continuous bag of words，CBOW）、Skip-Gram 等模型建模节点对之间的关系。但是两者之间的目标是一致的，都是将图结构映射到低维度的向量空间，再输入机器学习模型中进行各类任务。

图神经网络的应用主要可以分为两大类：第一类是节点级别的任务，利用学习到的节点向量，进行节点方面的预测、分类和回归等任务；第二类是图级别的任务，将所有的节点表示合并在一起，以便表示整张图的嵌入，从而进行图的聚类、图的相似性计算等任务。本节主要介绍两个工作，这两个工作都是从信息理论的角度去实现图神经网络。

1. 利用信息论实现稳健表达

研究人员针对图信息网络，提出了一种被称为图信息瓶颈（graph information bottleneck，GIB）的优化准则[1]。这一准则的目标是在图数据表示的表达能力和鲁棒性之间取得平衡。GIB 方法借鉴了一般信息瓶颈（information bottleneck，IB）的思想[2]，即在最大化目标间的互信息的同时，又需要限制目标与输入数据间的互信息。不同于一般的 IB，GIB 方法在处理图数据时对结构信息和特征信息进行了正则化处理，其目标函数为

$$\min_{\mathbb{P}(Z|D)} IB_{\beta}(D,Y;Z) := \left[-I(Y;Z) + \beta I(D;Z) \right] \tag{2-1}$$

其中，Z 由最优模式 $\mathbb{P}(Z|D)$ 的搜索空间所定义；$I(\cdot;\cdot)$ 表示互信息；Y 表示目标；D 表示输入数据。图瓶颈信息是通过优化 Z 来捕获 D 中最小的足够信息(A,X)来预测目标 Y。D 包括两个图结构的信息 A 和节点特征 X。当 Z 包含这两个方面的无关信息时，Z 会覆盖数据，并且容易发生对抗性攻击和模型的超参数变化。信息瓶颈准则尽可能捕获对任务目标 Y 有益的信息，同时尽可能过滤输入 D 中与任务目标无关的部分。这种类似"提纯"的做法即"瓶颈"的含义，它使得训练的模型能够天然地避免过拟合，并且使对抗性攻击变得更加鲁棒。由于互信息的计算十分困难，在实际应用中不可能以上述公式为目标函数进行优化，因此，常见的做法是将计算互信息的上/下界作为目标函数进行优化。

GIB 是在一般信息瓶颈的基础上进行了扩展。图任务的输入数据包括节点属性和图结构，即 $D=(A,X)$。GIB 继承了 IB 的基本思想，即同时从节点属性和图结构中捕获最小充分信息，但是也面临着以下两大挑战。

（1）一般基于 IB 的模型都会假设样本是独立同分布的，而独立同分布的假设对图中的节点并不成立。

（2）图结构信息对于图任务来说是不可或缺的，但是这种信息是离散的，故而难以优化。为了解决节点属性不是独立同分布的问题，引入了"局部依赖"的假设：在给定节点 v 一定距离内的邻居信息，图的其他部分和节点 v 是独立的。这一假设被用于约束 $\mathbb{P}(Z|D)$ 的解空间。

对于图结构信息的应用，给出了一种马尔可夫依赖：每个节点表示基于邻居结构 $Z_A^{(l)}$ 的迭代调整，而 $Z_A^{(l)}$ 是由上次迭代产生的表示 $Z_X^{(l-1)}$ 和原始图结构 A 迭代融合产生的。$Z_A^{(l)}$ 和 $Z_X^{(l)}$ 的计算都应用了上述的局部依赖假设，即只考虑目标节点 T 跳内的节点。通过上述方式，最终将第 l 次迭代的表示 $Z_X^{(l)}$ 用于目标任务，进而 GIB 的目标函数可写为

$$\min_{P(Z|D)\in\Omega} \text{GIB}_\beta(D,Y;Z) \triangleq \left[-I(Y;Z)+\beta I(D;Z)\right] \tag{2-2}$$

其中，Y 是标签；D 是输入数据；X 是节点的特征。GIB 方法的核心思想在于在图数据的表示学习过程中，需要最大限度地保留有用的信息，同时又不希望从原始数据中继承过多的冗余信息。整个算法类比于压缩预测的过程，即将原来信息中的 X、A 和 Z 压缩为一个表示之后，再进行下游任务的预测。

在压缩过程的中，基于 GIB 的图神经网络训练算法会逐步地更新 A 和 X。传统的图神经网络只是不断地更新节点特征 X，而不更新图的邻接矩阵 A，但 GIB 会同时更新 X 和 A。从信息量角度出发，每一次更新都会逐步减少原来的数据，其核心思想是通过注入随机性来减少原始的信息。通过互信息的定义在 Z 中注入随机变量，这种引入随机性的方法可以逐步压缩和丢失原始数据集的信息。

假设初始的邻接矩阵为 A，经过一次采样，形成一个新的图结构。接着基于这个新的图结构进行标准的消息传递，而不是直接更新节点特征矩阵 X，在这个过程中，同样要注入随机性以降低它的信息量。简单来说，就是通过逐步地交替更新 A，然后通过注入随机性更新 X，最终实现 GIB。其中，A 和 X 均是可训练的。通过这种方式，GIB 可以逐步抓取只对下游任务有用的信息部分，而不需要的信息会在优化过程中逐

步丢失。

2. 图对比学习

在实际应用中，数据标签的获取常常是一项艰巨任务，尤其在社交媒体等大数据环境下，获得用户的潜在信息尤其具有挑战性。尽管 GNN 的优势通常需要大量的标签数据才能充分发挥，但在标签稀缺的情况下，如何有效运用 GNN 成为了一个重要的问题。此时，半监督学习框架可能提供一种解决方案。这种框架能够很好地处理这个问题，其主要实现方法包括自编码器和对比学习两大类。自编码器是一种无监督的神经网络模型，它能够学习输入数据的隐性特征，即便在标签匮乏的情况下也能进行训练。对比学习则是通过在特征空间中将数据与正负样本进行对比，以学习样本的特征表示。对比学习的核心理念是将相似样本靠近，不相似样本推远，从而学习到更具区分性的特征表示。那么，如何将其应用在 GNN 上呢？Jaiswal 等在 2020 年对此进行了系统总结，他们的主要观点是将相似样本拉近，不相似样本推远，并介绍了几种常用的对比学习方法[3]。同年，You 等提出了几种用于图对比学习的数据增强方法，并总结了通用的图对比学习方法[4]。

1）图对比学习遵循互信息最大化

针对一个图，调整其图结构（添加边/点或者删除边/点）。如果新生成的两个图都源于同一个图，则构建一个正相关，反之构建一个负相关，根据正相关和负相关训练图神经网络。

数学上来讲，图对比学习（graph contrastive learning）是将扩展信息最大化，对于一个图 $G \in \mathcal{G}$，$T(G)$ 表示 G 的图数据增强（graph data augmentation，GDA），它是基于 G 在 $\mathcal{G}$ 上定义的分布。用 $t(G) \in \mathcal{G}$ 来表示 $T(G)$ 的一个样本。具体表达式如下：

$$\max_f I\big(f\big(t_1(G)\big); f\big(t_2(G)\big)\big) \tag{2-3}$$

其中，$G \sim \mathbb{P}_G, t_i(G) \sim T_i(G), i \in \{1,2\}$。从式（2-3）中可以看出，对图产生两种不同扰动的是 t_1 和 t_2，通过随机扰动方法采样出新图，如果两个图源于同一个图，则它们之间的互信息会达到最大值，并且改变图结构不会改变其节点的特征信息。但是互信息最大化（mutual information，MI）有一个问题，观察如下互信息最大化公式：

$$\max_f I\big(G; f(G)\big) \tag{2-4}$$

其中，$G \sim \mathbb{P}_G$。式（2-4）仅保证当 G 和 $f(G)$ 形成一一映射时，就可以实现互信息最大化，但由于不需要将所有的信息完成映射，可能会导致一些问题。首先，可能会捕获到部分信息，但这些信息只是与后续任务完全无关的噪声。其次，这些噪声信息或不相关信息可能已足够实现一一映射，但并未充分表达原始数据。为了解决这些问题，一种方法是采用标准的真实标签，还有一种方法是用随机性标签做正则化。研究发现，使用随机性标签做正则化，再结合互信息最大化一起训练，可以在训练集上构建 G 和 $f(G)$ 之间的一一映射，然而，实际实现互信息最大化时，仅使用随机标签进行正则化，在训练图神经网络用于下游任务时，其效果非常差。

2）将 GIB 推广到图形对比学习

GDA 通常是基于领域知识或广泛的评估而预先设计的，然而不当选择的 GDA 可能会严重影响下游性能。在图对比学习中，可以使用图增广操作或者将多种操作组合起来，以寻找最优的组合方式。但在学习图增广与图信息瓶颈的关系时，需要先学习图增广，然后在数据集中使用尽可能少的信息完成互信息的最大化，即原始图与其增广图的表示之间的互信息最大化。最小化信息是引入一个最大的随机性，即对最原始的数据注入最大量的随机性，使其仍然能够完成对原始数据集的一一映射，然后注入随机性优化图增广。具体来说，这是通过以一定的概率丢弃原始数据集的边来实现的。在过去的研究中，丢弃边通常是随机的，然而，在图对比学习的过程中，丢弃的概率是可以被学习的。通过学习，可以找到最大的丢弃概率，使得丢弃后的图与原始图相似。同时，引入一定的正则化，以限制扰动程度，避免扰动过于严重。有研究者提出了自适应图对比学习的数据增强（adaptive data augmentation for graph contrastive learning，AD-GCL），其目标函数定义如下：

$$\min_{T \in \mathcal{T}} \max_{f} I\big(f(G); f(t(G))\big), \quad \text{s.t.} \, G \sim \mathbb{P}_G, t(G): T(G) \tag{2-5}$$

其中，$\mathcal{T}$ 表示不同图数据增强 $T_\varphi(\cdot)$ 的一个家族，$\varPhi$ 是参数。一个 $T_\varphi(\cdot) \in \mathcal{T}$ 是一个带有参数 $\varPhi$ 的特定图数据增强方法。AD-GCL 中的 min-max 原理旨在训练编码器，即使用一个具有差异性的 GDA（即 $t(G)$ 与 G 非常不同）扰动图和原始图之间的互信息或对应关系实现最大化。与 GDA-GCL 中采用的两种 GDA 相比，AD-GCL 将原始图 G 视为锚图，同时使其扰动 $T(G)$ 尽可能远离锚图。通过 $T \in \mathcal{T}$ 的自动搜索节省了评估图数据增强不同组合性能时的大量工作。

2.2　自适应通用广义 PageRank 图神经网络

图神经网络已在多项图相关任务中取得显著成功，包括节点分类、图分类及边预测等。这些任务在实际应用中有广泛应用，如基因预测和推荐系统等。其中，在基因预测中，每个节点代表一个基因，而基因间的交互关系形成了边。

有些基因与特定疾病相关，有些则无关。测试所有基因的相关性非常耗时，因此，利用已有信息预测那些未知的与疾病相关的基因就构成节点分类问题。除基因交互网络外，还有与疾病相关的相似网络，其中已知某些基因会导致特定疾病，任务是预测那些尚未建立关联的基因-疾病对之间是否存在因果关系，这是边预测问题。在推荐系统中，以社交网络为例，节点代表用户，边代表友谊关系。通过分析社交网络的结构和用户的个人信息，系统可以推荐潜在的新的友谊关系，这也是一个边预测问题。例如，系统可以预测某用户是雄鹿队的球迷还是太阳队的球迷。通过社交网络的图结构和用户信息，推荐潜在的好友关系，这就是边预测问题。根据现有用户和产品的关系，可推测用户可能感兴趣的产品等。针对标准图神经网络的通用性和过平滑两个根本性缺陷，本节将介绍一种通用的自适应图神经网络模型。

受到图神经网络的启发，很多神经网络大致上是按照图神经网络的逻辑设计的，不同之处是会设计各自的图卷积层，相同之处是把自己设计的图卷积层叠起来，用最后一层作为输出结果。许多现有的图神经网络架构事实上具有通用性和过平滑两个根本性缺陷，通用性上的问题限制了图神经网络在一般图上的学习能力，而过平滑问题则限制了设计深层的图神经网络。

下面先详细介绍什么是通用性问题，其一般是指那些只能在同源图上学习的图神经网络模型，所谓同源假设是指节点倾向于有相同标签的点产生连边。然而在现实中也会遇到很多不满足同源假设的图，这些图被称为异源图。例如，在蛋白质交互网络中，不同类别的氨基酸可能会产生交互作用，这就违反了同源假设，因此，蛋白结构产生的图就属于异源图。通用性的概念指的是一个理想的图神经网络模型应该能够在同源图和异源图两种情况下都能够有效地学习。另外一个问题就是过平滑问题，尽管图神经网络在概念上可以叠加多个层，但实验发现，在标准的图神经网络中，层数通常在 2~4 层是最好的。当网络层数过多时，模型容易变得过于平滑化，即将相邻节点的特征过于均一化，丧失了原始图的局部结构信息，从而影响模型的泛化性能。过多的层数也可能导致过拟合问题，即模型在训练集上表现良好，但在测试集上表现不佳。

过平滑问题可以通过数学公式进行简单解释：如果将图神经网络中所有的非线性函数都去掉，并且叠加无穷层，可用公式表示如下：

$$H_{\text{GCN}}^{(\infty)} = \tilde{A}_{\text{sym}}^{\infty} XW = v_1 v_1^{\text{T}} XW \tag{2-6}$$

其中，公式右边直接将可以学习的参数矩阵合并成一个 W，X 乘上邻接矩阵几乎趋近无限次，只会剩下最大的特征向量的分量，即 v_1 乘上 v_1^{T}，v_1 是最大的特征向量，即邻接矩阵的最大特征向量，这就导致最终输出的邻接矩阵的秩为 1，所以输出矩阵的每一列就相差一个倍数，因此就失去了重要的节点特征信息，即过平滑问题。

为了解决上述两个问题，Chien 等[5]提出了 GPR-GNN，即自适应通用广义 PageRank 图神经网络模型。GPR-GNN 主要分为两个部分：隐态特征提取和广义 PagrRank。

隐态特征提取部分是一个多层感知机（MLP 神经网络），即

$$H_{i:}^{(0)} = f_{\theta}(X_i) \tag{2-7}$$

式（2-7）主要做隐态特征的提取。当输入矩阵 X 进入神经网络层之后，会得到一个变换之后的特征矩阵 H_0，之后根据图拓扑去传播 k 步分别得到 H_1 至 H_k 不同步数传播后的结果。

利用广义 PageRank 就是将不同步数的结果做一个线性组合，其对应的权重叫作 GPR 权重，最后线性组合完成的结果就是最终的输出结果，即

$$Z = \sum_{k=0}^{K} \gamma_k H^{(k)} \tag{2-8}$$

其中，γ_k 就是需要学习的参数，将该参数称为 GPR 权重，而模型则采用端对端（end-to-end）的方式进行训练。

在整个 GPR 框架中，前面的神经网络部分专门处理节点特征，用于提取隐藏的节点特征；而在广义 PageRank 部分，GPR 权重专门解决图传播的问题。如果采用端对端的训练，这两者之间可以相互借由梯度信息同时得到节点特征和图传播，并同时受到节

点特征和图传播的限制。

与 GPR 比较相关的模型进行对比，偏向 GCN 的有 JK-Net[6]和 GCN-Cheby[7]。JK-Net 与 GPR 的相同之处在于最终的输出层中也使用了所有步数的结果，而 GCN-Cheby 则是在单层的 GNN 里面使用了多步的传播。这两个模型的层数相对较浅，并且学习到的参数相比于 GPR 的参数缺乏可解释性。另一类与 GPR 相关的模型是图增强的 MLP，包括 APPNP[8]和 SGC[9]。两者是 GPR-GNN 的一个特例。特别是 APPNP 使用了 PPR 的参数，因此在理论上，对应于图上的低通滤波器。通过这些比较，可以发现 GPR-GNN 在综合考虑节点特征和图传播的情况下，具有更高的可解释性和更好的性能。

2.3 探索图神经网络的表达能力

图神经网络可以用于各种预测任务，如节点级别、边级别和图级别的标签预测任务。本节专注于图级别的预测任务。图神经网络可被视为一种在图上操作的函数，其输入可以是一个图或图上的数据（图包括节点和边，节点或边可能带有特征），而图神经网络则是一种能在图数据上操作的函数，将图映射到一个数值。例如，在分子预测中，分子可以被视为一个图，想要预测其某些特性，可以用一个数值来表示。因此，探究图神经网络的表达能力，实际上是在研究不同模型作为图上函数的表达能力，以及它们能逼近各类函数的程度。以最常见的消息传递神经网络为例，其核心思想是迭代更新节点的隐藏状态，每个节点会聚合来自邻居节点的信息，以此来更新自己的隐藏状态。神经网络参与了信息传播的初始阶段，也涉及最终节点状态的更新过程。当使用不同的神经网络模型作为更新函数时，可以得到不同种类的消息传递神经网络。此外，还有一些其他变体，如不同的聚合函数，这就构成了一类图神经网络模型。同时，还有一些图神经网络模型不属于消息传递范畴，但具有许多优良性质，比如满足一些对称性等。

图神经网络不仅可以进行推断任务，而且还可以进行归纳任务，即在一种图上接受训练后，可以在另一种图或者更大规模的图上进行测试。同时，图神经网络也拥有一些非常重要的性质。它具备强大的表达能力，例如，许多图神经网络的参数是可以训练的，从而能够表示复杂的函数。它还具有良好的优化性质，可以通过数据训练来逼近目标函数。这种综合优势使得图神经网络在当前深度学习领域中备受关注并得到广泛应用。然而，图神经网络的表达能力确实受到一定限制。与非前向传播的神经网络不同，图神经网络的表达能力受到其宽度和图的拓扑结构等因素的约束。图神经网络中的消息传递和节点隐藏状态的更新等操作也会影响其表达能力。因此，下面将通过对比不同的图神经网络模型，从理论角度深入研究其表达能力。

对于神经网络表达能力的理解，每个人都有自己的衡量标准，例如，它是否能区分非同构图。基于消息传递的神经网络无法区分两个非同构图，这意味着，当基于消息传递的图神经网络在两个非同构图上进行训练时，会得到相同的图级别输出。更为普遍的结论是，消息传递图神经网络区分非同构图的能力不会超过 WL（Weisfeiler-Lehman）测试。WL 测试是一种基于邻居节点间消息传递机制来迭代更新节点状态的测试[10]。基于 WL 测试的一些神经网络（如 GIN）使用单射函数进行邻居信息的聚合，从而提升了消息传递神经网络在区分非同构图上的表达能力，使其达到了 WL 测试的水平。

基于消息传递机制架构的图神经网络的表达能力相对较弱，那么其他架构之下的图神经网络模型表达能力如何？下面将以不变图网络模型为例来进行分析。该模型的思想不同于消息传递机制，其基于等变性的线性层（equation linear layers）和非线性激活函数的层层叠加。假如图中有 N 个节点，考虑在 N 的平方维度的欧几里得空间，从这个欧几里得空间到这个空间本身满足等变性的线性层，如果满足上述条件可以得到一个有趣的结果：所有等变性线性函数的函数空间是有限维的，即不管 N 的大小如何，其函数空间都为 15 维。这意味着有一个 15 维的函数空间，可以用它来参数化等变性线性层，并且可以通过数据对这些参数进行学习。通过叠加等变性线性层与非线性激活函数得到 2-IGN（2-invariant graph network）。所以 2-IGN 不再是基于邻居节点之间的消息传递，并且证明了这类 2-IGN 模型在区分非同构图的能力上和 2-WL 测试是等价的。

基于 2-IGN 模型的思想，在过程中添加了类似于矩阵乘法的步骤，把这个模型叫作 Ring-GNN。理论证明，Ring-GNN 模型可以区分两个非同构图，并且在真实数据集上验证了 Ring-GNN 模型在区分一些非同构图上的效果是强于其他图神经网络模型的。

除了上述提到的方法外，还有很多研究工作致力于寻找表达能力更强的图神经网络模型，希望能够突破 WL 测试的限制，如 PPGN[11]、DE-GNN[12] 和 ID-GNN[13]。在评估图神经网络的表达能力时，通常使用的标准是它能否区分非同构图。然而，如果一个图神经网络模型无法区分某两个特定的图，那么它在实际应用中的指导性价值可能受到限制。因此，并不一定要求图神经网络能够区分所有的非同构图，是否存在更具体直观且与实际应用相关的衡量标准呢？为此，有研究人员提出了一种基于子结构计数的方法，即通过对子图进行计数来衡量图神经网络模型的表达能力的标准。

在有机化学中，一个有机分子的很多性质都是由官能团决定的，而官能团代表分子中某些原子的组合，某些原子和它们之间的化学键可以看作图的一个子图。在分子预测任务中，对子图进行计数可能是一个很有意义的研究。然而，传统图神经网络模型、消息传递神经网络模型和 2-IGN 模型都没有办法做到完全准确的计数，如图 2-1 所示。

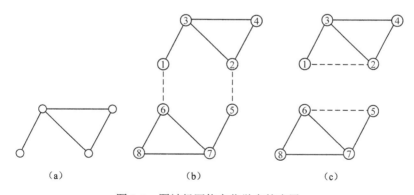

图 2-1　图神经网络在化学中的应用

假设对图 2-1 中由 4 个节点构成的子图进行计数，即想要知道图 2-1（b）和图 2-1（c）中分别有多少个导出子图和图 2-1（a）子图是同构的。可以看出图 2-1（b）含有两个子图，其中，有两个导出子图和图 2-1（a）子图是同构的。图 2-1（c）虽然有两个子图和图 2-1（a）子图同构，但是其导出子图都和图 2-1（a）子图不同构，也就是说，它并不包含这个子图。另外可以证明消息传递神经网络（message passing neural network，MPNN）模型和 2-IGN 模型都无法区分图 2-1（b）和图 2-1（c），换句话说，图神经网络模型无法对子图进行完全准确的计数。即使存在一个图神经网络模型，它能够对图 2-1（b）和图 2-1（c）产生不同的输出，但实际上最终的输出结果是相同的。

为了寻找更具表达能力且能对子图进行计数的模型，研究学者提出了一种基于关系池（relational pooling）的图神经网络模型。该模型的核心思想在于，假设目标子图是相对小的子图，有时这些子图会出现在相对小的局部领域中。因此，无须对整个图进行过于复杂的表达能力处理，而是可以针对每个局部邻域构建一些具备表达能力的模型，然后将所有邻居节点的信息进行聚合。在关系池基础模型中，如果想得到一个置换不变的函数，可以通过对不满足置换不变量的函数进行求和或求平均来实现。这种方法可以全局近似置换不变的函数。由此可知，该模型的表达能力是很强的，但是其计算复杂度比较高，如果图的大小是 N，则它的时间复杂度是 $N!$。可以对局部邻域设计一些有表达能力的模型，比如将关系池用到局部邻域中，然后再把所有的信息进行合并。如果对局部邻域的大小感兴趣，它的半径是 R，计算复杂度是 $N \times R!$。如果半径较小但邻域很大，计算复杂度会大大减小。

最后考虑一个简化版的图神经网络——图增广多层感知机（graph-augmented MLP）[14]。该模型的核心思想是利用多跳的图算子生成一些强化节点特征，从而得到一些长距离的信息。与传统的图神经网络不同，它不通过多层迭代消息传递来获取长距离的邻居信息。图增广多层感知机并不是一个新提出的模型，它属于一类使用不同类型的图算子来更新节点特征的模型。图注意力多层感知机（graph-attention MLP）是比图增广多层感知机更强大的版本，通过使用注意力机制来选择更合适的节点特征，因此在表达能力上比图增广多层感知机更强大。图增广多层感知机包括 SGC、SIGN 和 GFN 等。图增广多层感知机的优点是有较强的扩展性，可以被应用到较大的图上，并且有助于改善过平滑问题。虽然图增广多层感知机相较于图神经网络模型有上述优点，但同时它相对于图神经网络模型也存在缺点，尤其在表达能力方面。用第一个衡量标准能否区分非同构图来研究这两类模型的表达能力的差别，理论结果是能找到一对图可以被消息传递神经网络区分，但不能被某些特定算子的图增广多层感知机区分，也不能被只使用邻接矩阵的图增广多层感知机区分。不过这种方式直观上并不能体现出哪些任务是图增广多层感知机不能做到的。为了衡量这两类模型在表达能力上的差异，研究人员提出了一个新的衡量标准：模型能否对带特征的游走进行计数（counting attribute walks）。

2.4　知识推理不需要复杂的 GNN

通过上述的介绍，已经对 GNN 有了较深入的了解，那么 GNN 真的有用吗？在讨论这个问题之前，先回顾一下基于知识库的问答系统（knowledge base question answering，KBQA）。

KBQA 的知识来源主要有两个方面：预训练模型中的隐藏知识和知识图谱中的显式知识。在这种系统中，首先，预训练模型作为编码器从隐藏知识中得到实体和问题的表示；其次，从知识图谱中抽取问题相关的子图，以将知识图谱中的显式知识表达出来；再次，将节点表示、边的表示作为输入，通过几层 GNN 进行训练，得到优化后的节点表示；最后，分类器使用这些节点表示进行分类。

下面来探究有没有必要使用 GNN。文献[15]使用 SparseVD（sparse variational dropout）对 GNN 的网络进行结构解剖，SparseVD 通过寻找网络结构中一些不重要的参数对模型的大小进行剪枝和压缩，以探寻 GNN 中各层对推理过程的贡献。sparse ratio（稀疏比）越低，说明参数贡献越少。图 2-2 为在 SOTA QA-GNN 上进行剪枝操作后得到的结果，其中，图 2-2（a）为 QA-GNN 中嵌入层的曲线，图 2-2（b）为 QA-GNN 图注意层中各层的曲线，图 2-2（c）为 3 种有代表性的基于 GNN 的 QA 方法的初始节点嵌入层的曲线。

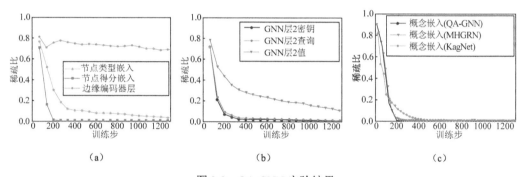

图 2-2　QA-GNN 实验结果

从图 2-2（a）可以发现，随着训练的推进，GNN 的节点嵌入层的稀疏比值逐渐变小，说明在训练过程中，前面的节点嵌入层逐渐失去了有效信息，对最终预测准确率的贡献逐渐减小；相反，GNN 中边的编码器层的稀疏比值波动不大，说明边的表示层一直对最后的预测准确率产生重要影响。

彩图 2-2

从图 2-2（b）可以发现，密钥层（Key）和查询层（Query）逐渐收敛到一个相对较低的值，而值层（Value）的比率相对较大。这意味着在图注意力模块中，关键层和查询层的信息几乎没有被有效利用，而主要的信息贡献来自值层。这引发了一个问题，即注意力权重是否有效？如果关键层和查询层的信息没有被有效利用，那么注意力模块是否真的发挥了作用？这种情况下，注意力模块的行为似乎和一个简单的线性变换没有太大区别。

从图 2-2（c）可以发现，3 种基于 GNN 的 QA 方法稀疏比的值均接近于 0，表明初始节点嵌入是可有可无的。

综上所述，似乎 GNN 里面很多部分都是多余的，为了验证这一观点，研究者设计了一个 GNN 的简化版本——图形软件计数器（graph soft counter，GSC）。

通过上面的实验可以发现，在 GNN 中，边的表示以及信息的传递和聚合，都是非常重要的组成部分。相反，一些其他元素，如图注意力和节点表示，似乎对模型性能的影响有限。因此，简化版的 GNN 只留下两个结构：Edge Encoder 和 GSC 层。Edge Encoder 用来构建边的表示，GSC 层用来传递信息和聚合。

GSC 层完全遵循了 MPNN 信息聚合与传播的思路，具体步骤如图 2-3 所示。每一层的 GSC 包含两个关键步骤，即先将节点的值加到边上，再将边的值加到节点上。需要强调的是，GSC 层的参数还不到 GNN 的 1%，GCS 在各种数据集上与其他模型对比都显示出其优越的性能。

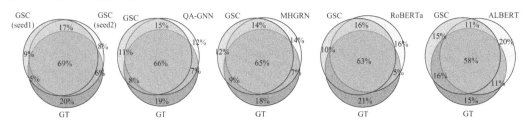

图 2-3　GSC 与其他方法比对

那么，如何验证 GSC 的推理能力呢？一种可能的方式是比较 GSC 的预测结果与基于 GNN 推理的模型的预测结果。如果它们相符，那就可以说明 GSC 具有与 GNN 相近的推理能力。如图 2-3 所示，GSC 的结果与实际情况（ground truth，GT）的交集达到了 69%的重合率，与前面提到的不同基线和 GT 也有近 60%的重合率。而且，GSC 的结果与基于 GNN 推理的模型的重合率较高，这进一步证明了 GSC 与 GNN 有类似的推理能力。

通常认为图中信息的传播路径即为推理路径，而在图注意力网络（graph attention network，GAT）中，注意力权重则被认为是信息传播的权重。在案例研究中，通常会寻找那些具有较大注意力得分的节点，并将其视为信息传播的下一目标。但令人惊讶的是，注意力这一部分的参数对结果几乎没有明显影响。即使在基于计数器的模型上，案例研究也能够成功地复现信息传播的过程。那么，这是否意味着节点之间的注意力得分并不必要，仅依靠节点本身的表达就足够了？

此外，为何在有些情况下，GAT 的表现会优于 GCN？在 GNN 中，哪些参数真正起到了关键作用？推理过程需要哪些核心模块？这些问题都是需要深入研究和思考的课题。

参 考 文 献

[1] WU T L, REN H Y, LI P, et al. Graph information bottleneck[C]//The Thirty-fourth Conference on Neural Information Processing Systems. Vancouver: Curran Associates, 2020: 20437-20448.

[2] TISHBY N, PEREIRA F C, BIALEK W. The information bottleneck method[J]. arXiv Preprint arXiv:0004057, 2000.

[3] JAISWAL A, BABU A R, ZADEH M Z, et al. A survey on contrastive self-supervised learning[J]. Technologies, 2020, 9(1): 2.

[4] YOU Y, CHEN T, SUI Y, et al. Graph contrastive learning with augmentations[C]//The Thirty-fourth Conference on Neural Information Processing Systems. Vancouver: Curran Associates, 2020: 5812-5823.

[5] CHIEN E, PENG J, LI P, et al. Adaptive universal generalized pagerank graph neural network[J]. arXiv Preprint arXiv:2006.07988, 2020.

[6]　XU K, LI C, TIAN Y, et al. Representation learning on graphs with jumping knowledge networks[C]//The Thirty-fifth International Conference on Machine Learning. Stockholmsmässan: ACM, 2018: 5453-5462.

[7]　BRUNA J, ZAREMBA W, SZLAM A, et al. Spectral networks and locally connected networks on graphs[J]. arXiv Preprint arXiv:1312.6203, 2013.

[8]　GASTEIGER J, BOJCHEVSKI A, GÜNNEMANN S. Predict then propagate: Graph neural networks meet personalized pagerank[J]. arXiv Preprint arXiv:1810.05997, 2018.

[9]　WU F, SOUZA A, ZHANG T, et al. Simplifying graph convolutional networks[C]//Proceedings of the International Conference on Machine Learning. George Floyd: ACM, 2019: 6861-6871.

[10]　XU K, HU W, LESKOVEC J, et al. How powerful are graph neural networks?[J]. arXiv Preprint arXiv:1810.00826, 2018.

[11]　NGUYEN A, CLUNE J, BENGIO Y, et al. Plug & play generative networks: Conditional iterative generation of images in latent space[C]//The Thirtieth IEEE Conference on Computer Vision and Pattern Recognition. Honolulu: IEEE, 2017: 4467-4477.

[12]　LI P, WANG Y, WANG H, et al. Distance encoding: Design provably more powerful neural networks for graph representation learning[J]. Advances in Neural Information Processing Systems, 2020, 33(14): 4465-4478.

[13]　YOU J X, GOMES-SELMAN J M, YING R, et al. Identity-aware graph neural networks[C]//The Thirty-fourth AAAI Conference on Artificial Intelligence. Virtual-only: AAAI, 2021: 10737-10745.

[14]　CHEN L, CHEN Z, BRUNA J. On graph neural networks versus graph-augmented mlps[J]. arXiv Preprint arXiv:2010.15116, 2020.

[15]　WANG K, ZHANG Y, YANG D, et al. Gnn is a counter? Revisiting gnn for question answering[J]. arXiv Preprint arXiv:2110.03192, 2021.

第3章 图自编码器

在深度学习模型的训练过程中，如何适当地表示图中节点的特征是一个挑战，但是，如果能找到一个合适的办法来表示节点，那么就可以将其应用到其他任务中。图自编码器（graph auto-encoder，GAE）利用编码器和解码器的结构，可以提取图中节点的特征。这种使用编码器进行特征提取的过程，被广泛应用到许多深度学习模型中，如链路预测和推荐系统等。本章将主要介绍引入自编码器处理图数据的相关研究工作。

3.1 图自编码器简介

图 3-1 展示了图自编码器的流程。从图中可以看出图自编码器能够将图的特征映射到一个新的空间，然后再通过相应的映射将其重构回初始的输入空间[1]。也就是说，图自编码器接收节点特征和邻接矩阵作为输入，然后输出重构图。

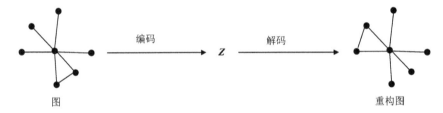

图 3-1　图自编码器流程

图 3-2 为三层的图自编码器，包括输入层、隐藏层、输出层。其中，从输入层到隐藏层通过编码器 f 进行编码，随后从隐藏层到输出层通过解码器 $\tilde{f}$ 进行解码。

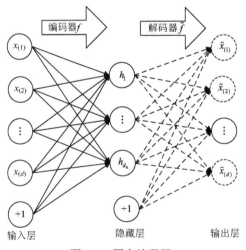

图 3-2　图自编码器

编码器过程可用式（3-1）表示：

$$Z = \mathrm{GCN}(X, A) \tag{3-1}$$

其中，GCN 为编码器函数，函数中输入节点的特征矩阵 X 与节点的邻接矩阵 A，得到输出节点的潜在表征 Z，其中 $Z \in \mathbb{R}^{N \times f}$。

在文献[2]中，GCN 的定义如下：

$$\mathrm{GCN}(X, A) = \tilde{A}\,\mathrm{ReLU}(\tilde{A}XW_0)W_1 \tag{3-2}$$

其中，$\tilde{A} = D^{-\frac{1}{2}}AD^{-\frac{1}{2}}$；$W_0$ 和 W_1 是待学习的参数。

解码器[3-6]根据两点之间存在边的概率来重构图，公式如下：

$$\hat{A} = \sigma(ZZ^{\mathrm{T}}) \tag{3-3}$$

其中，$\hat{A}$ 是通过重构得到的邻接矩阵。

由于邻接矩阵体现的是图的结构，因此需要尽可能使重构得到的邻接矩阵与原始输入的邻接矩阵相似。在图自编码器的训练过程中，使用式（3-4）所示的损失函数来度量重构图与原始图之间的差距：

$$L = E_{q(Z|X,A)}[\log p(A \mid Z)] \tag{3-4}$$

其中，$E_{q(Z|X,A)}[\log p(A \mid Z)]$ 为交叉熵函数，具体如下：

$$L = -\frac{1}{N}\sum y\log\hat{y} + (1-y)\log(1-\hat{y}) \tag{3-5}$$

其中，y 表示的是邻接矩阵 A 中节点之间是否有连边的值，若节点之间有连边，则该值为 1，否则为 0；$\hat{y}$ 为重构的邻接矩阵 $\hat{A}$ 中节点之间连边的概率，取值为 0~1。

3.2　变分图自编码器

在图自编码中，一旦编码器函数 GCN 中的参数 W_0 和参数 W_1 为确定值，则函数 GCN 就是一个确定的函数，输入给定的 X 和 A，得到的输出 Z 也是确定的。在变分图自编码器（variational graph auto-encoder，VGAE）中，不同的是输出 Z 不再通过确定的函数来得到，而是先确定某个图神经网络的高斯分布，然后由这个分布通过采样得到。图 3-3 所示为变分图自编码器流程。

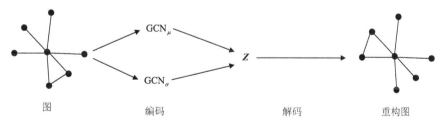

图 3-3　变分图自编码器流程

图 3-4 详细介绍了变分图自编码器。首先将 n 个真实样本 $X = \{X_1, X_2, \cdots, X_n\}$ 输入编码器中，然后通过编码器部分的均值方差计算模块得到每个样本的均值与方差，进一

步在每个样本的正态分布进行采样得到采样变量 $\boldsymbol{Z} = \{Z_1, Z_2, \cdots, Z_n\}$，最后经过生成器得到生成样本 $\hat{\boldsymbol{X}} = \{\hat{X}_1, \hat{X}_2, \cdots, \hat{X}_n\}$。

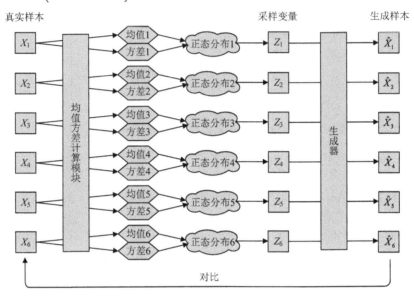

图 3-4 变分图自编码器

因此，变分图自编码器部分首先计算均值与方差，式（3-6）与式（3-7）分别为计算均值和方差的公式：

$$\mu = \text{GCN}_\mu(\boldsymbol{X}, \boldsymbol{A}) \tag{3-6}$$

$$\sigma = \text{GCN}_\sigma(\boldsymbol{X}, \boldsymbol{A}) \tag{3-7}$$

其中，GCN_μ 计算的是均值，GCN_σ 计算的是方差。得到样本的均值和方差后，通过采样得到 $\boldsymbol{Z}$，然后通过生成器得到生成样本 $\hat{\boldsymbol{X}}$。

类似于图自编码器，变分图自编码器的目标也是使重构图与原始图尽可能相似。然而，变分图自编码器的特点在于它试图使由 GCN 计算得到的分布与标准高斯分布相似，所以变分图编码器中的损失函数由最小化重构误差的损失函数和加 KL 散度的损失函数两部分构成，计算公式如下：

$$L = L_{\text{D}} + L_{(u, \sigma^2)} \tag{3-8}$$

其中，L_{D} 是最小化重构误差，具体如下：

$$L_{\text{D}} = D(\hat{\boldsymbol{X}}_k, \boldsymbol{X}_k) \tag{3-9}$$

$L_{(u, \sigma^2)}$ 是加入各独立正态分布和标准正态分布的 KL 散度：

$$L_{(\mu, \sigma^2)} = \frac{1}{2} \sum_{i=1}^{d} (\mu_{(i)}^2 + \sigma_{(i)}^2 - \log \sigma_{(i)}^2 - 1) \tag{3-10}$$

在训练变分图自编码器时，经常使用随机梯度下降的方法。变分图自编码器中存在采样的操作，但是此操作不能进行反向传播，从而也就无法进行梯度下降，文献[4]提出了利用重参数技巧来解决此问题，其思想如图 3-5 所示，即从单位高斯随机抽样ε，然后将随机抽样的ε乘以隐分布的均值μ，并用隐分布的方差σ对其进行缩放。

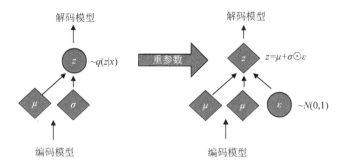

图 3-5　重参数思想解决反向传播

通过这种重采样的方式，在反向传播过程中，参数可以进行梯度下降，进而可以优化参数，具体过程为：解码器模块通过反向传播将梯度传到模块 z，其为$\partial \mathrm{decoder}/\partial z$，然后从模块 z 往后传播得到$\partial z/\partial u$和$\partial z/\partial \sigma$。

参 考 文 献

[1]　KIPF T N, WELLING M. Variational graph auto-encoders[J]. arXiv Preprint arXiv:1611.07308, 2016.

[2]　KIPF T N, WELLING M. Semi-supervised classification with graph convolutional networks[J]. arXiv Preprint arXiv:1609.02907, 2016.

[3]　WANG H, YAO M, JIANG G, et al. Graph-collaborated auto-encoder hashing for multiview binary clustering[J]. IEEE Transactions on Neural Networks and Learning Systems, 2023, PP(99):1-13.

[4]　LI X, YE T, SHAN C, et al. SeeGera: Self-supervised semi-implicit graph variational auto-encoders with masking[C]//The Fifteenth ACM Web Conference. Austin: ACM, 2023: 143-153.

[5]　TAN Q, LIU N, HUANG X, et al. S2GAE: Self-supervised graph autoencoders are generalizable learners with graph masking[C]// The Sixteenth ACM International Conference on Web Search and Data Mining, Singapore: ACM, 2023: 787-795.

[6]　KANG W, GUO L, KUANG F, et al. Fast and parallel decoding for transducer[C]//The Forty-eighth IEEE International Conference on Acoustics, Speech and Signal Processing, Rhodes: IEEE, 2023: 1-5.

第 4 章　图卷积神经网络

对于图而言，其结构大多数是不规则的，可以被认为是具有无限维的数据，所以图数据不具有平移不变性。同时，图中每一个节点都是独一无二的，它们之间的连接关系也是独一无二的，传统的卷积神经网络与循环神经网络不能很好地处理具有这样独一无二结构的数据。如何处理这类数据，许多研究者提出了不同的方法。本章将深入探讨图卷积神经网络的基本原理，以及图神经网络的深度模型扩展，旨在通过加深神经网络结构挖掘出图数据更多的结构特征。

4.1　图卷积神经网络简介

图卷积神经网络与卷积神经网络类似，通过特征提取器提取图数据，通过从图中提取到的数据特征，进而实现节点分类（node classification）、图分类（graph classification）、边预测（link prediction）、图的嵌入表示（graph embedding）等，可见图卷积神经网络能很好地应用到许多任务中，是处理图数据很好的工具[1-3]。

具体地，对于图卷积神经网络来说，假设在有 N 个节点的图中，将矩阵 A 当作描述节点与节点的连接关系，其维数为 $N \times N$。同时，每个节点都具有独一无二的特征，假设共有 D 个特征，那么全部节点的特征组成一个特征矩阵 X，其维数为 $N \times D$。

在输入层中，特征数据是输入节点的特征矩阵 D 与节点的邻接矩阵 A。随后，特征数据将在不同层之间进行传播，计算公式如下：

$$H^{(l+1)} = \sigma\left(\tilde{D}^{-\frac{1}{2}} \tilde{A} \tilde{D}^{-\frac{1}{2}} H^{(l)} W^{(l)} \right) \tag{4-1}$$

其中，$\tilde{A}$ 为邻接矩阵 A 加上单位矩阵 I；H 为每层的特征；σ 为非线性激活函数；$\tilde{D}$ 为 $\tilde{A}$ 的度矩阵，实际意义代表每个节点的度，计算公式为

$$\tilde{D}_{ii} = \sum_j \tilde{A}_{ij} \tag{4-2}$$

若建立一个图卷积神经网络，其层数为 2，使用 ReLU 函数与 Softmax 函数当作激活函数，得到网络前向传播如下：

$$Z = f(X, A) = \text{Softmax}\left(\hat{A}\, \text{ReLU}\left(\hat{A} X W^{(0)} \right) W^{(1)} \right) \tag{4-3}$$

图卷积神经网络也需要计算损失，计算公式如下：

$$L = -\sum_{l \in Y_L} \sum_{f=1}^{F} Y_{lf} \ln Z_{lf} \tag{4-4}$$

其中，Y_{lf}、Y_L 为节点具有标签的集合。在使用图卷积神经网络进行训练时，即便只有极少数的节点具有标签，它仍能进行训练，一般会采用迭代的方式进行训练。

4.2 深度图卷积神经网络

随着图卷积神经网络被越来越多地应用于各个场景中，研究者发现加深图卷积神经网络会使节点之间的特征难以区分，进而出现梯度消失、过平滑、过拟合等一系列问题。因此，大多数研究者使用的图卷积神经网络的模型层数很少，一般为 2~3 层。层数很少的图神经卷积网络在许多应用中受到限制，因此如何加深图卷积神经网络的层数是近年来研究图卷积神经网络的难题。

文献[4]提出了加深图卷积神经网络的方法，加深之后的图卷积神经网络称为 DeepGCN，主要是将卷积神经网络中加深层数的方法应用到图卷积神经网络中。下面介绍 3 个能加深图卷积神经网络的算法：残差连接（residual connections）、密集连接（dense connections）和扩张卷积（dilated convolutions）。

介绍深度图卷积神经网络之前，首先要介绍普通图卷积神经网络。近年来随着图卷积神经网络的广泛应用，研究者将特征数据在 l 与 $l+1$ 层之间传播的方式定义为

$$
\begin{aligned}
\boldsymbol{g}_{l+1} &= H(\boldsymbol{g}_l, \boldsymbol{W}_l) \\
&= \text{Update}(\text{Aggregate}(\boldsymbol{g}_l, \boldsymbol{W}_l^{\text{Agg}}), \boldsymbol{W}_l^{\text{Update}})
\end{aligned}
\tag{4-5}
$$

其中，$\boldsymbol{g}_l$ 和 $\boldsymbol{g}_{l+1}$ 是指图卷积神经网络的第 l 层和第 $l+1$ 层；$\boldsymbol{W}_l^{\text{Agg}}$ 是指 Aggregate 函数中需要学习的参数；$\boldsymbol{W}_l^{\text{Update}}$ 是指 Update 函数中需要学习的参数。

1. 残差连接

研究者将卷积神经网络中残差网络（ResNet）的思想引入图卷积神经网络[5]，将当前层的结果和上一层的结果相加，以保留前一层的计算结果。当然，也可以按照比例系数进行加权，从而衍生出一系列残差连接的变体，最终得到残差图卷积神经网络（ResGCN），具体表达式如下：

$$
\begin{aligned}
\boldsymbol{g}_{l+1} &= H(\boldsymbol{g}_l, \boldsymbol{W}_l) \\
&= F(\boldsymbol{g}_l, \boldsymbol{W}_l) + \boldsymbol{g}_l = \boldsymbol{g}_{l+1}^{\text{res}} + \boldsymbol{g}_l
\end{aligned}
\tag{4-6}
$$

其中，$\boldsymbol{g}_{l+1}^{\text{res}}$ 表示带残差的图卷积神经网络中的第 $l+1$ 层，是函数 F 产生的一个 D 维特征矩阵。

2. 密集连接

密集连接网络（DenseNet）的提出使得各层之间的连通性得到提高[6]，因而各层之间的特征被更好地重用。研究者受密集连接网络的启发，将其引入图卷积神经网络中[7-8]，提高了图卷积神经网络各层之间的连通性，同时使得网络中的信息高效地重用。具体做法如下：

$$
\begin{aligned}
\boldsymbol{g}_{l+1} &= H(\boldsymbol{g}_l, \boldsymbol{W}_l) \\
&= T(F(\boldsymbol{g}_l, \boldsymbol{W}_l), \boldsymbol{g}_l) \\
&= T(F(\boldsymbol{g}_l, \boldsymbol{W}_l), \cdots, F(\boldsymbol{g}_0, \boldsymbol{W}_0), \boldsymbol{g}_0)
\end{aligned}
\tag{4-7}
$$

式（4-7）表示的密集连接是把当前层和之前的所有层进行拼接，因此节点特征维度随着层数的增加而增加。由上式计算可得第 $l+1$ 层的特征维度为 $\boldsymbol{g}_0 + D \times (l+1)$。

3．扩张卷积

研究者将小波分析引入图卷积神经网络中，提出在特征空间上使用 l^2 距离对与目标节点（卷积中心点）的距离进行排序：$u_1, u_2, \cdots, u_{kd}$，同时研究者使用 Dilated 方法确定 Dilated 系数为 d 时，目标节点 v 相对应的邻居节点为 $u_1, u_{1+d}, u_{1+2d}, \cdots, u_{1+(k-1)d}$。得到了自定义的邻居节点集 $N^d(v)$，其表达式如下：

$$N^d(v) = \left\{ u_1, u_{1+d}, u_{1+2d}, \cdots, u_{1+(k-1)d} \right\} \tag{4-8}$$

扩张卷积过程如图 4-1 所示。从图中可以看出，在 2D 图像中，卷积核大小为 3，扩张率从左到右分别为 1、2、4。

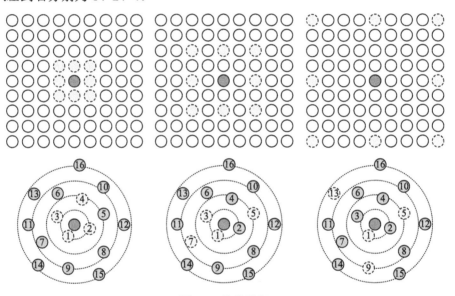

图 4-1　扩张卷积

此外，在文献[9]中研究者开始对 GCN 中的消息传递框架做出调整，以增加图卷积神经网络的深度，这样的图卷积网络称为 DeeperGCN。然而，它们的计算成本高昂，并具有较高的运行时延。AgileGCN 框架则通过结构剪枝来压缩和加速深度 GCN 模型[10]。研究者提出了 3 种方法来增加图卷积神经网络的深度。

1）广义的 mean-max 聚合函数

为了满足置换不变性，之前的聚合函数大多采用简单的聚合器：mean、max、sum[11]。为了超越这几种聚合器的表现能力，DeeperGCN 中提出了两种 mean-max 聚合函数。

首先是 Softmax_Agg 函数，具体形式如下：

$$\text{Softmax\_Agg}_\beta(\cdot) = \sum_{u \in N(v)} \left(\frac{\exp(\beta \boldsymbol{h}_u)}{\sum\limits_{i \in N(v)} \exp(\beta \boldsymbol{h}_i)} \cdot \boldsymbol{h}_u \right) \tag{4-9}$$

其中，Softmax_Agg$_\beta(\cdot)$ 函数其实就是先求所有邻居节点的特征系数，然后将通过 Softmax 函数求出的系数进行邻居节点的加权求和。β 是参数，可以是固定的，也可以通过学习得到。通过学习，可以得到自适应的聚合器。

其次是 PowerMean_Agg 函数，具体形式如下：

$$\text{PowerMean\_Agg}_p(\cdot) = \left(\frac{1}{|N(v)|} \sum_{u \in N(u)} \boldsymbol{h}_u^p \right)^{1/p} \tag{4-10}$$

其中，PowerMean_Agg$_p(\cdot)$ 函数的具体过程是先对邻居节点特征求 p 次方，然后进行 mean 操作，最后再求 $1/p$ 次方；p 是参数，可以是固定的，也可以通过学习得到。当然，在特征送入聚合函数之前，首先进行激活操作，之后的研究也证明了广义聚合函数的有效性。

2）预激活的残差连接

预激活的残差连接实际上是调整了原先各模块的顺序，然后将层归一化和激活操作移到了图卷积层的前面。在传统的残差网络中，先进行图卷积，然后执行归一化，最后应用激活函数。在预激活的残差网络中，首先执行归一化和激活函数，然后再进行图卷积操作[12]。

3）消息规范化 MsgNorm

本来残差连接 Res 阶段的操作是将当前层的表示和前一层的表示直接求和，现在加入消息规范操作后，相当于给了一个系数，按照比例系数进行求和（而不是直接相加），具体计算公式如下：

$$\boldsymbol{h}_v' = \text{MLP}\left(\boldsymbol{h}_v + s \cdot \| \boldsymbol{h}_v \|_2 \cdot \frac{\boldsymbol{m}_v}{\| \boldsymbol{m}_v \|_2} \right) \tag{4-11}$$

其中，MLP$(\cdot)$ 为多层感知机，由两层的线性层组成；s 为可学习的扩展因子。

参 考 文 献

[1] BRUNA J, ZAREMBA W, SZLAM A, et al. Spectral networks and locally connected networks on graphs[J]. arXiv Preprint arXiv:1312.6203, 2013.

[2] DEFFERRARD M, BRESSON X, VANDERGHEYNST P. Convolutional neural networks on graphs with fast localized spectral filtering[C]//The Thirtieth International Conference on Neural Information Processing Systems. Barcelona: Curran Associates, 2016: 3844-3852.

[3] KIPF T N, WELLING M. Semi-supervised classification with graph convolutional networks[J]. arXiv Preprint arXiv:1609. 02907, 2016.

[4] LI G, MULLER M, THABET A, et al. DeepGCNs: Can GCNs go as deep as CNNs?[C]//The Seventeenth IEEE/CVF International Conference on Computer Vision. Seoul: IEEE, 2019: 9267-9276.

[5] PEI Y, HUANG T, VAN IPENBURG W, et al. ResGCN: Attention-based deep residual modeling for anomaly detection on attributed networks[J]. Machine Learning, 2022, 111(2): 519-541.

[6] ZHU Y, NEWSAM S. Densenet for dense flow[C]//The Sixth IEEE International Conference on Image Processing. Beijing: IEEE, 2017: 790-794.

[7] GUO Z, ZHANG Y, TENG Z, et al. Densely connected graph convolutional networks for graph-to-sequence learning[J]. Transactions of the Association for Computational Linguistics, 2019, 7(19): 297-312.

[8] YU C, BAO W. DENSEGCN: A multi-level and multi-temporal graph convolutional network for action recognition[J]. IET Image Processing, 2023, 17(12): 3401-3410.

[9] LI G, XIONG C, QIAN G, et al. DeeperGCN: Training deeper GCNs with generalized aggregation functions[J]. IEEE Transactions on Pattern Analysis and Machine Intelligence, 2023, 45(11):13024-13034.

[10] HE Q, BANERJEE S, SCHWIEBERT L, et al. AgileGCN: Accelerating deep GCN with residual connections using structured pruning[C]//The Fifth International Conference on Multimedia Information Processing and Retrieval. Virtual-only: IEEE, 2022: 20-26.

[11] WANG B, JIANG B, TANG J, et al. Generalizing aggregation functions in GNNs: building high capacity and robust GNNs via nonlinear aggregation[J]. IEEE Transactions on Pattern Analysis and Machine Intelligence, 2023,45(11):13454-13466.

[12] WANG H D, LI Z Z, OKUWOBI I P, et al. PCRTAM-Net: A novel pre-activated convolution residual and triple attention mechanism network for retinal vessel segmentation[J]. Journal of Computer Science and Technology, 2023, 38(3): 567-581.

第 5 章　超图神经网络

图被广泛用于成对关系的网络建模中，例如，科研合作网络中科学家之间的关系，以及蛋白质网络中蛋白质与蛋白质之间的相互作用。然而除了成对关系之外，还存在大量简单图形无法建模的非成对关系。超图是一种用于多关系建模的通用结构，由顶点集和超边集组成，其中超边包含灵活数量的顶点。因此，超边能够对非成对关系进行表示。本章主要介绍基于超图的神经网络，即超图神经网络，同时介绍超图神经网络的多个应用和模型，包括动态超图神经网络、线图卷积神经网络、AdaHGNN、线图展开的超图注意同构网络和 DyHCN 等。

5.1　动态超图神经网络

受到卷积神经网络的启发，研究人员首先设计了基于图的神经网络用于进行半监督学习，例如图卷积网络和图注意力网络。后来，他们还设计了第一个超图神经网络模型——能够建模高阶关系的图神经网络（hypergraph neural networks，HGNN）。在神经网络模型中，仅从神经网络结构的角度建模网络节点之间的高阶关系会显得相当复杂。现有的基于图/超图的神经网络的主要缺点是它们只使用初始图/超图结构，而忽略了通过调整特征嵌入对初始结构的动态修改。

以往研究者提出了动态超图结构学习（dynamic hypergraph structure learning，DHSL）方法，该方法使用原始输入数据来迭代优化超图结构[1-4]。然而，DHSL 仅在初始特征嵌入时更新超图结构，无法利用特征之间的高阶关系。此外，DHSL 中的迭代优化还需要花费大量的时间和空间成本。因此，研究者又提出了动态超图神经网络（dynamic hypergraph neural networks，DHGNN）框架[5]。DHGNN 由动态超图构建（dynamic hypergraph construction，DHG）和超图卷积（hypergraph convolution，HGC）两个模块的堆叠层组成。

研究者考虑到最初构造的超图可能无法有效表示数据，因此 DHG 模块在每个层上动态更新超图结构，随后引入 HGC 模块对超图结构中的高阶数据关系进行编码。HGC 模块包括顶点卷积和超边卷积两个阶段，分别用于对顶点和超边之间的特征进行聚合。在 DHG 模块中，通过单个执行过程，分别基于局部和全局特征使用 KNN 方法或者 K-means 聚类方法更新超图结构。在 HGC 模块中，通过叠加顶点卷积和超边卷积提出了一种超图卷积方法。对于顶点卷积，使用变换矩阵对超边中的顶点进行置换和加权；对于超边卷积，使用注意力机制将相邻的超边特征聚集到质心顶点。与基于超图的深度学习方法 HGNN 相比，此处的卷积模块更好地融合了 DHG 模块提供的局部和全局特征信息。

将模型分别应用于有固有图结构和没有固有图结构的数据上。对于具有固有图结构的数据,在引文网络基准数据集(Cora)上进行节点分类任务的实验。该实验中,使用 DHGNN 从给定的图结构和特征空间的超图结构中共同学习嵌入。对于没有固有图结构的数据,在社交媒体数据集(微博数据集)上进行情感预测任务的实验。该实验中构建了一个多重超图,以模拟多模式数据之间的复杂交互关系。

1. 网络结构

DHGNN 模型由多层动态超图构造模块和超图卷积模块堆叠而成。如图 5-1 所示,超图卷积层会更新顶点特征以进行新的特征嵌入,并在此基础上构建新的超图结构。

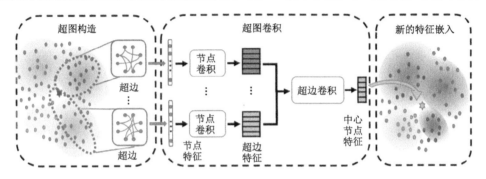

图 5-1　DHGNN 模型结构

DHGNN 提出了一种动态超图构造方法,利用 KNN 方法生成初始超边,并通过聚类算法(即 K-means 聚类)扩展相邻超边集,以提取局部和全局关系。

2. 超图卷积

超图卷积模块首先从顶点特征中学习变换矩阵 T,以进行特征置换和加权,如图 5-2 所示。

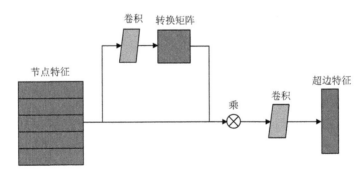

图 5-2　节点卷积模型

该变换矩阵可实现顶点间和通道间的信息传递。使用多层感知机生成变换矩阵 T,并使用一维卷积对变换后的特征进行压缩,计算公式如下:

$$T = \mathrm{MLP}(\boldsymbol{X}_u) \tag{5-1}$$

$$\boldsymbol{X}_e = \mathrm{conv}(\boldsymbol{T} \cdot \mathrm{MLP}(\boldsymbol{X}_u)) \tag{5-2}$$

其中，X_u 为节点 u 的特征向量；X_e 为邻接超边的特征；conv(·) 为卷积函数；MLP(·) 为多层感知机，由 2 层线性层组成。对于 k 个顶点，通过卷积计算 $k×k$ 变换矩阵。将变换矩阵与输入顶点特征矩阵相乘，获得置换和加权后的顶点特征矩阵。对一维超边特征进行一维卷积。

除了节点卷积之外，还有超边卷积操作，具体过程如图 5-3 所示。

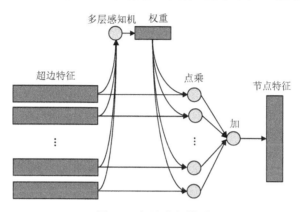

图 5-3　超边卷积模型

超边卷积阶段使用多层感知机生成每条超边的权重得分，计算输入超边特征的加权和作为输出中心节点的特征表示，具体计算公式如下：

$$w = \text{Softmax}(X_e \cdot W + b) \tag{5-3}$$

$$X_u = \sum_{i=0}^{|\text{Adj}(u)|} w^i X_e^i \tag{5-4}$$

其中，$|\text{Adj}(u)|$ 为邻接超边集的大小；w 为权重得分向量；X_e 为邻接超边的特征；X_u 为中心节点的特征；W 和 b 为可学习的参数。

5.2　线图卷积神经网络：超图的图卷积应用

随着不同类型的图卷积神经网络的涌现，图中的网络表示学习和节点分类问题备受关注。图卷积神经网络常用的半监督技术能够在每个节点的邻域内聚合属性。传统的 GCN 适用于简单的图结构，即每条边仅连接两个节点。然而，现实应用中往往需要对图中高阶关系进行建模，而超图则是处理这种复杂关系的有效数据类型。

现有的图卷积方法大部分只适用于简单图，即节点之间的关系是成对的。在这种简单图中，每条边仅连接两个顶点（或节点）。然而，真实世界中实体之间的交互往往更为复杂，其关系具有高阶特性，即超出了成对的连接。超图能够对现实世界中实体之间的这种复杂关系进行建模。在超图中，每条边可以连接两个以上的顶点，因此一条边本质上是由节点的子集表示的，而不仅仅是一对节点。虽然在超图上的计算更为昂贵和复杂，但由于它们能捕捉真实世界中的交互，因此设计用于超图表示的学习算法至关重要[6-9]。

文献[10]提出了一种将图卷积应用于超图的新方法，该方法称为超图的线图（line

hypergraph convolution network，LHCN）。在超图学习文献中首次使用了 LHCN 这一经典概念。将超图映射到一个加权的带属性的线图，并在该线图上学习图的卷积。该文献提出使用反向映射来获取超图中节点的标签，该算法适用于任何超图，甚至非均匀超图。

LHCN 在节点分类数据集上进行实验。实验结果表明，在超图神经网络中，LHCN 的性能与传统超图神经网络相同，且能提高超图神经网络的性能。

LHCN 的目标是学习一个函数 $f:V \mapsto L$，可以输出每个未标记节点 $v \in V^u = V \setminus V^l$ 的标签。因此，学习这个函数 f 所需的算法应该能够同时使用超图结构和节点属性。具体方法如下。

（1）将图转换为线图，具体转换过程如图 5-4 所示。初始图中有 4 个节点，包括节点 1、节点 2、节点 3、节点 4，首先在相邻的两个节点之间增加节点（如在节点 1 与节点 2 之间增加节点(1,2)等），然后在新增加的节点之间增加边，如图 5-4（c）所示，最后将原有的节点和边删除，只保留新增加的节点和边，最终得到图 5-4（d）。

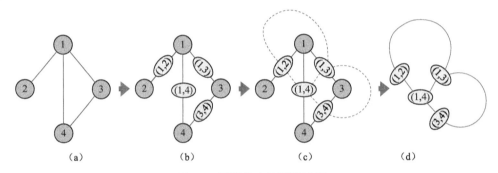

图 5-4　图转换为线图的过程

（2）将超图转换为加权线图，如图 5-5 所示。图 5-5（a）为超图 H，包括 3 条超边和 7 个节点，首先将超图转换为线图，得到 $L(H)$，然后通过计算得到每条边的权值，最终得到图 5-5（b）。

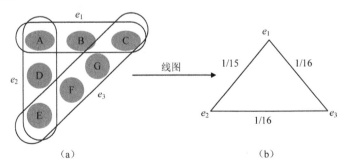

图 5-5　超图转换为加权线图的过程

（3）为线图的节点分配属性[原超图中的每个节点 v 都有属性（特征向量）$\boldsymbol{x}_v \in R_d$]，即采用一种简单策略为对应线图的每个节点分配属性。超图对应的线图中节点的特征向量为属于超边 e 中所有节点的 d 维特征向量之和，除以超边的大小（超边含有的节点数目）后所得结果即平均超边中所有节点的属性，具体计算公式如下：

$$X_{V_e} = \frac{\sum_{v \in e} x_v}{|e|} \tag{5-5}$$

其中，$|e|$ 表示超边的基数（超边下节点的数量）。通过式（5-5）将超边中节点的属性传递给线图节点，以便在图分析任务中利用节点之间的关联信息。

（4）指定 $L(G)$ 顶点的标签：使用多数服从少数的规则生成 $L(H)$ 顶点标签。$H \in \mathbb{R}^{m \times k}$ 是线图节点的最终隐藏表示形式，通过 Softmax 层，并使用交叉熵损失进行节点分类，计算公式如下：

$$\text{loss} = -\sum_{p \in V_{\text{Label}}^l} \sum_{l \in L} y_{p,l} \ln \hat{y}_{p,l} \tag{5-6}$$

其中，$y_{p,l}$ 为线图 V 中节点 p 的标签，即 Label 的真实值；$\hat{y}_{p,l}$ 为线图 V 中节点 p 的标签预测，即 l 的概率。使用反向传播算法和 Adam 优化技术来学习图卷积基于交叉熵损失的参数，训练完成后，得到线图中所有节点的标签，最后将信息传回到超图。尽管上述从线图的节点表示形式生成超节点表示形式的方案本质上很简单，但它完全遵循了超图拉普拉斯的假设，即通过超边连接的任意两个节点都倾向于具有相似的嵌入和标签，这也满足了社交网络中的同构概念。

5.3　用于多标签图像分类的自适应超图神经网络

与单标签图像分类不同，多标签图像分类（multi-label image classification，MLIC）任务更具挑战性，其中有两个主要问题需要解决。

问题 1：将多标签与图像区域相关联。利用对象检测技术来提取区域特征，并增强对象区域的特征学习，但这些工作在训练时通常需要额外的对象边界，严重限制了实际应用。可以采用注意机制在图像级监督下捕获图像区域和标签之间的关联，但该方法没有考虑标签的依赖性。

问题 2：多个标签之间的相关性。使用循环神经网络或长短期记忆来建模标签相关性，但它只能对顺序标签关系进行建模。基于概率图模型捕获两个标签的依存关系，利用标签共现对来构造最大生成树结构用于 MLIC 任务，但概率图模型具有很高的计算复杂度。

为了克服上述限制，研究者提出了一种被称为自适应超图神经网络（adaptive hypergraph neural network，AdaHGNN）的方法。这种方法被用于学习高阶语义关系，并且采用标签嵌入来自动构造自适应超图，以此取代使用统计共现信息[11]。研究者提出一种基于超图神经网络的高阶语义关系学习模型，用于指导标签相关特征学习，该方法比人工方法更灵活、更有效。

针对 MLIC 任务提出的 AdaHGNN 模型的总体架构主要包括自适应超图构建、HGNN 和多尺度学习 3 个模块。其中，自适应超图构建模块用于构造和学习标签关联，HGNN 模块用于关联标签相关的特征和探索语义交互，多尺度学习模块用于提高目标的鲁棒性。

通常情况下，构建超图的方法包括计算两个顶点之间的距离或利用统计信息。然而，这些方法依赖于训练集中的计算或统计信息，这些信息可能会因标签不平衡而产生偏差。为了解决该问题，研究者提出了一种自动学习关联矩阵的方法来构造自适应超图。自适应超图构建方法如下。

（1）将超边定义为顶点之间的一种抽象关系，而不是特定的先验关系。令 ε 为超图的超边集，则超边集可表示为

$$\varepsilon = \{e_1, e_2, \cdots, e_m\}, m > 0 \tag{5-7}$$

其中，m 代表超边的数量，每条超边表示两个或多个顶点之间的潜在关系，可以在训练阶段自动学习这些关系。

（2）通过聚合可学习的超边，获得自适应超图关联矩阵 $\boldsymbol{H}_A \in \mathbb{R}^{n \times m}$。

通过选择随机值或标签嵌入对其初始化，再使用 Sigmoid 函数将其激活，为了加快收敛速度，使用标签嵌入作为初始化。标签嵌入 $\boldsymbol{E} \in \mathbb{R}^{n \times m}$ 表示为

$$\boldsymbol{E} = \{b_1, \cdots, b_i, \cdots, b_m\}, m > 0 \tag{5-8}$$

其中，n 表示标签的数量，m 表示嵌入的维数，b_i 表示第 i 个标签嵌入的维数，它们可以通过预先训练的词嵌入来获得。

（3）标签嵌入的每个维度表示标签的属性或关系。

超边的特征与标签紧密相关。因此，将标签嵌入应用于自适应超图关联矩阵的初始化是有意义的。

为了学习与标签相关的特征，使用语义解耦模块，通过标签嵌入将图像特征解耦到特定语义的特征表示中。该模块使用低秩双线性池化方法和一个注意力函数来计算注意力系数。

标签嵌入 $\boldsymbol{E} \in \mathbb{R}^{n \times d}$ 通过预训练的 GloVe 模型获得，得到特定语义的特征如下：

$$\boldsymbol{F}_{sd} \in \mathbb{R}^{n \times d_1}, \boldsymbol{F}_{sd} = \{\boldsymbol{f}_1, \boldsymbol{f}_2, \cdots, \boldsymbol{f}_n\} \tag{5-9}$$

其中，$\boldsymbol{f}_i$ 为与标签 i 相关的特征向量；$\boldsymbol{F}_{sd}$ 为获得的语义信息。

为自动捕获高阶语义关系，使用带有自适应超图的双层超图神经网络来关联特征向量并探索语义依赖性。

超图卷积层 Hconv$(\boldsymbol{F}, \boldsymbol{W}, \boldsymbol{f})$ 表示如下：

$$\boldsymbol{F}^{(l+1)} = \sigma(\boldsymbol{D}_v^{-\frac{1}{2}} \boldsymbol{H}_A \boldsymbol{W} \boldsymbol{D}_e^{-1} \boldsymbol{H}_A^{\mathrm{T}} \boldsymbol{D}_v^{-\frac{1}{2}} \boldsymbol{F}^{(l)} \boldsymbol{\Phi}^{(l)}) \tag{5-10}$$

其中，$\boldsymbol{\Phi}^{(l)}$ 为超图神经的可学习滤波器矩阵；$\boldsymbol{F}^l$ 为 l 层的顶点特征；$\boldsymbol{D}_e$ 与 $\boldsymbol{D}_v$ 分别为超边与节点的度；$\boldsymbol{W}$ 为可学习的权重参数矩阵；$\boldsymbol{F}^{(l+1)}$ 表示通过 l 层超图卷积后得到的特征信息；$\sigma(\cdot)$ 为非线性变换函数。

通过顶点-超边-顶点变换，HGNN 可以有效捕获语义的依赖关系，并探索特征与语义之间的相互作用。

为增强对象尺寸的鲁棒性，研究者提出了一种使用 Stage-3 的图像特征进行多尺度学习的方法。与其他多尺度特征融合方法（如 MS-CMA）不同，该方法对多尺度特征分类器的预测概率得分取平均值，而且在超图输出处融合多尺度结果。在下一步输出上执行大小为 2×2、步幅为 2 的平均池化，则多阶段学习的最终顶点特征表示如下：

$$\boldsymbol{F}_{ms} = \boldsymbol{F}_{sd} \oplus \boldsymbol{F}_{out} \oplus \boldsymbol{F}'_{out} \tag{5-11}$$

其中，$\oplus$ 表示连接操作，通过 $\oplus$ 将上述各个阶段得到的表征信息进行连接，而后通过损

失函数进行优化，具体如下：

$$L_{\text{entropy}} = \sum_{i=1}^{T} \sum_{j=1}^{n} y_{ij} \log p_{ij} + (1 - y_{ij}) \log(1 - p_{ij}) \tag{5-12}$$

其中，L_{entropy} 表示交叉熵损失函数。

综上，AdaHGNN 的总体架构首先使用 ResNet-101 来提取图像特征。接着，通过一个语义解耦模块，使用标签嵌入来将这些特征解耦为与标签相关的特征向量。然后，它采用了一个基于自适应超图的两层超图神经网络，以便对与标签相关的特征进行关联并探索高阶语义交互。最后，该网络将图像特征进行合并，以提高对对象大小的鲁棒性。

5.4 线图展开的超图注意同构网络

如前所述，超图可以有效地建模自然界中更高阶的真实关系。日益增多的研究者将图神经网络应用于超图，但是这些方法通常是隐式地使用团或星形展开来将超图转换为简单图，或者使用计算成本高昂的超图拉普拉斯算子。因此，研究者提出了一种超图神经网络（hypergraph attention networks，HAIN），该网络直接作用于超图结构进行半监督超节点分类[12]。HAIN 能够处理超边大小不同的超图，每一层中，都间接地作用于给定超图的线图，而不是明确地将超图转换为线图，再学习线图的整体权重。与一般图表示文献中使用未加权或静态启发式定义线图边权值的方法不同，HAIN 学习线图中不同边的不同权值，通过叠加多个层，并进行端到端训练，以最小化交叉熵损失，从而形成一个完整的 HAIN 网络。

HAIN 第 l 层具体流程如下：

首先定义超图，然后将超图转换为线图，最后得到 $A_L = D_e^{-1} H^{\mathrm{T}} D_v^{-1} H \in \mathbb{R}^{|E| \times |E|}$。图同构网络（graph isomorphism network，GIN）通常用于图分类，但 HAIN 通过使用它以及自注意力策略来实现超节点分类，从而获得更好的结果。第 l 层 GIN 的基本节点特征更新规则公式如下：

$$\begin{aligned}
x_v^{l+1} &= \sigma \left((1 + \varepsilon^l) W^{l\mathrm{T}} x_v^l + \sum_{u \in N(v)} W^{l\mathrm{T}} x_u^k \right) \\
&= \sigma \left(\sum_{u \in N(v) \cup (v)} W^{l\mathrm{T}} x_u^k + \varepsilon^l W^{l\mathrm{T}} x_v^l \right)
\end{aligned} \tag{5-13}$$

其中，σ 表示非线性激活函数；W 为可学习的权重参数矩阵；x_v^l 为第 l 层节点 v 的表征信息；$u \in N(v)$ 表示节点 v 的邻居集合，经过 l 层 HAIN 网络得到 $x^{l+1} = \sigma \left((AX^l + \varepsilon^l X^l) W^l \right)$。为了给出超图的超节点表示，寻求通过线图的节点来更新特征矩阵。因此，超节点特征更新公式如下：

$$\begin{aligned}
x^{l+1} &= \sigma(H(A_L H^{\mathrm{T}} X^l + \varepsilon^l H^{\mathrm{T}} X^l) W^l) \\
&= \sigma(H(A_L X_L^l + \varepsilon^l X_L^l) W^l) \in \mathbb{R}^{|v| \times F^{(l+1)}}
\end{aligned} \tag{5-14}$$

其中，$\sigma(\cdot)$ 为激活函数；A_L 为对应的线图；W^l 为 l 层对应的可学习的权重参数矩阵。通过式中的 H 将更新节点特征从线图映射到超图。本质上是形成一个具有归一化边权的线图，然后运行 GIN，将更新后的节点特征从线图转移到超图。但这种策略的主要缺点是使用静态线图。线图中任意两个节点之间边的权值就是对应的两个超边之间的公共节点的归一化值。这种静态权值分配不考虑节点特征及其在所提 GNN 各层上的更新，此外，已有的简单图嵌入研究表明，对于节点表示学习，并不是所有的边都是同等重要的。因此，针对超节点表示，其目标是学习不同超边的差异化权值。这避免了将不同的重要性（权重）关联到线图中的不同节点。

HAIN 的第 l 层超节点特征更新规则如下：

$$x^{l+1} = \sigma(H(A_L D(\sigma_{att}(X_L^l \theta_{att}^l))X^l + \varepsilon^l X_L^l)W^l) \qquad (5\text{-}15)$$

其中，θ_{att}^l 为第 l 层的注意力权重；σ_{att} 为非线性变换函数；X_L^l 为第 l 层线图的节点特征矩阵；x^{l+1} 表示经过第 $l+1$ 层得到的节点表征。将式（5-15）展开，得

$$x^{l+1} = \sigma(H(D_e^{-1}H^T D_v^{-1}HD(\sigma_{att}(H^T X_L^l \theta_{att}^l))H^T X^l + \varepsilon^l H^T X^l)W^l) \in \mathbb{R}^{|V| \times F^{l+1}} \qquad (5\text{-}16)$$

其中，将 A_L 转换为超图，并通过 D_e^{-1} 和 D_v^{-1} 对其进行归一化，W^l 为可学习的权重参数矩阵，从 HAIN 得到的最终超节点特征被输入 Softmax 层，并使用交叉熵损失对训练集进行超节点分类，计算公式如下：

$$\text{loss} = -\sum_{v \in V^s} \sum_{k \in l} y_{v,k} \ln \hat{y}_{v,k} \qquad (5\text{-}17)$$

5.5 动态超图卷积网络

超图卷积网络（hypergraph convolutional networks，HCN）已成为捕获节点之间的高阶关系（即对超图的结构进行编码）的默认选择。但现有的 HCN 模型忽略现实环境中超图的动态演变，即超图中的节点和超边会随着时间动态变化。在动态超图上设计适当的卷积操作有两个挑战性的难题：首先，每个时间步，由于超边和节点之间存在各种关系，因此考虑超边中各种关系来更新节点特征是很重要的；其次，由于节点特征的动态变化，建模时间依赖性需要提取相应的时间特征。

为捕获高阶关系的演化和促进相关分析任务，本节介绍一个动态超图卷积网络框架 DyHCN。该框架包含两个模块：超图卷积（hypergraph convolution，HC）模块和时间演化（temporal evolution，TE）模块[13]。

在动态超图中，每个时间步的超边集包含不同的超边嵌入和每条超边中不同数量的节点，其利用 3 个子模块来更新 HC 中节点的嵌入：内部注意力、外部注意力和嵌入更新。HC 在一个时间点对超图结构编码，通过 TE 捕获关系的变化。HC 通过内部注意力和外部注意力自适应地聚合节点的特征到超边，并估计连接到质心节点的每条超边的重要性。

首先，内部注意力将节点特征沿着它的超边转换为节点-超边特征，然后外部注意力利用注意力机制来估计每条超边的重要性并输出重要性权重，再通过聚合节点-超边特征、带有每条超边权值的超边特征和节点特征来更新节点的嵌入信息；其次，获取节点嵌入后，提取节点嵌入的时间特征并通过 TE 模块做出预测。实验结果验证了 DyHCN 的优越性能，证明 DyHCN 在动态超图上的有效性。

动态超图可分为离散时间超图和连续时间超图两类。离散时间超图方法将动态超图

视为随时间变化的静态图快照集合，而连续时间超图提取节点和超边上的细粒度时间信息，这些信息刻画了超图的动态演化。离散时间动态超图的表达式为 $g^D = (V^t, \varepsilon^t, A^t, H^t, X^t)$。随着时间的推移，其通过超图卷积网络捕捉空间依赖性，并使用 CNN 对时间依赖性进行建模。连续时间超图表达式为 $g^C = (g^0, u)$。

由于静态超图模型可以将其应用于动态超图的每个快照，然后聚合模型的结果，此时，演化网络和时间网络之间的区别就不那么重要了。因此采用离散时间动态超图来构建 DyHCN 模型。

通过使用自注意力机制将节点嵌入节点-超边特征上。再利用多层感知机可以得到每个节点的权值。在时间 t 的节点 x_i^t 上，内部注意力的输入是 $C_e^t = [u_1^t, u_2^t, \cdots, u_{k_e}^t]^T \in \mathbb{R}^{k_e^t \times d}$，节点-超边的输出 d^t 是节点特征的权重和，其流程图如图 5-6 所示。

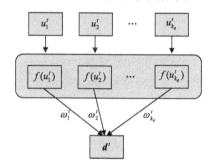

图 5-6　节点特征嵌入流程图

流程中具体的参数 ω^t 与 d^t 计算公式如下：

$$\omega^t = \mathrm{Softmax}(C_e^t w_e + b_e) \tag{5-18}$$

$$d^t = \sum_{j=0}^{k_e^t} \omega_j^t u_j^t \tag{5-19}$$

其中，通过 Softmax 函数得到注意力权重矩阵 ω^t，w_e 和 b_e 均为可学习的权重参数矩阵，将不同时刻的 u_j^t 与其对应的表征相乘，得到采用注意力机制后的特征表示 d^t。由于有多条超边与中心节点相关联，且每条超边的重要性不同，因此提出了一个外部注意力子模块来确定每个超边的权重。该子模块根据各超边特征计算对应超边的权值。

在时间 t 的节点 x_i^t 上，外部注意力的输入是 $C_e^t = [e_1^t, e_2^t, \cdots, e_{k_u}^t]^T \in \mathbb{R}^{k_u^t \times d}$，其流程图如图 5-7 所示。

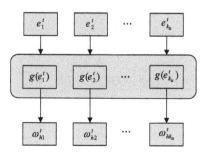

图 5-7　超边特征嵌入流程图

其中超边包含节点 x_i^t，输出是 ω_i^t，计算公式如下：

$$r_u^t = \text{Sigmod}(D_u^t \boldsymbol{w}_u + \boldsymbol{b}_u) \tag{5-20}$$

$$\omega_h^t = \text{Softmax}(\boldsymbol{r}_u^t) \tag{5-21}$$

其中，$\boldsymbol{w}_u$ 和 $\boldsymbol{b}_u$ 为可学习的参数，通过 Sigmod(·) 函数作为非线性变换函数，最终使用 Softmax(·) 对其表征进行分类。此外，通过聚合节点的输入特征 x_i^t、节点-超边特征 $\boldsymbol{d}^t$ 和具有超边权重 ω_h^t 的超边特征 $\boldsymbol{h}_h^t$ 更新中心节点的嵌入。聚合方法有 3 种，计算公式分别为式（5-22）～式（5-24）。

1）拼接特征

$$\boldsymbol{q}^t = \tanh[\boldsymbol{d}^t : \boldsymbol{h}_i^t] \in \mathbb{R}^{1 \times (d+c)} \tag{5-22}$$

其中，[:] 为按行拼接函数，通过拼接的方式将节点-超边特征 $\boldsymbol{d}^t$ 与超边特征 $\boldsymbol{h}_h^t$ 融合。该方式保留每个特征向量的独立信息，提供更丰富的特征表示。

2）点乘特征

$$\boldsymbol{q}^t = \tanh[\boldsymbol{d}^t \odot \boldsymbol{h}_i^t] \in \mathbb{R}^{1 \times d} \tag{5-23}$$

其中，$\odot$ 为哈达玛内积。通过该方式将节点-超边特征 $\boldsymbol{d}^t$ 与超边特征 $\boldsymbol{h}_h^t$ 特征向量逐元素相乘，得到的特征向量具有逐元素交互的特性，可以捕捉到特征之间的相关性。

3）MLP 特征

$$\boldsymbol{q}^t = \tanh([\boldsymbol{d}^t : \boldsymbol{h}_i^t]\boldsymbol{W}_c + \boldsymbol{b}_c) \in \mathbb{R}^{1 \times d} \tag{5-24}$$

其中，将拼接后的特征 $[\boldsymbol{d}^t : \boldsymbol{h}_i^t]$ 通过 MLP 进行变换，$\boldsymbol{W}_c$ 和 $\boldsymbol{b}_c$ 为可学习的权重参数。通过该方式可以引入非线性变换和学习能力，能够更灵活地对特征进行组合和映射，提取更高层次的特征表示。

$\boldsymbol{h}_c^t$ 只代表一条超边的拼接特征。对于 k_u^t 条超边，得到一个拼接矩阵 $\boldsymbol{Q}_i^t = [\boldsymbol{q}_0^t, \boldsymbol{q}_1^t, \cdots, \boldsymbol{q}_{k_u}^t]^{\mathrm{T}}$ 表示来自顶点和超边的影响。考虑到每条超边的权重 ω_h^t，首先计算拼接矩阵 $\boldsymbol{Q}_i^t$ 的权重之和去衡量所有超边和相关顶点的影响。然后使用 $\boldsymbol{S}_i^t$ 更新和影响嵌入更新具体节点的嵌入 $\boldsymbol{S}_i^t$，计算公式如下：

$$\boldsymbol{Z}_i^t = \text{sum}(\omega_h^t \cdot \boldsymbol{Q}_i^t) \tag{5-25}$$

$$\boldsymbol{S}_i^t = \tanh([\boldsymbol{x}_i^t \cdot \boldsymbol{Z}_i^t]\boldsymbol{W}_h + \boldsymbol{b}_h) \tag{5-26}$$

其中，sum(·) 为求和函数；$\boldsymbol{W}_h$ 和 $\boldsymbol{b}_h$ 为对应的权重参数矩阵和偏置项；tanh(·) 为非线性变换函数。在不同的时间步，通过单独的 HC 抽取质心节点的嵌入，可以得到沿着时间每个中心节点的嵌入，计算公式如下：

$$\boldsymbol{S}_i^t = [\boldsymbol{s}_i^0, \boldsymbol{s}_i^1, \cdots, \boldsymbol{s}_i^t]^{\mathrm{T}} \tag{5-27}$$

TE 模块采用 LSTM 模型抽取时间特征，用于分类和回归任务，计算公式如下：

$$\boldsymbol{O}_i = \text{LSTM}(\boldsymbol{S}_i) \tag{5-28}$$

$$\hat{y}_i = (\tanh(\boldsymbol{O}_i\boldsymbol{W}_o + \boldsymbol{b}_o))\boldsymbol{W}_y + \boldsymbol{b}_y \tag{5-29}$$

其中，tanh(·) 为非线性变换函数；$\boldsymbol{W}_o$、$\boldsymbol{W}_y$、$\boldsymbol{b}_o$、$\boldsymbol{b}_y$ 均为可学习的参数；$\hat{y}_i$ 为节点 i 预测的结果。

5.6　用于无参考 360 度图质量评估的自适应超图卷积网络

与 2D 图像/视频相比，360 度视角可以让用户通过头戴式设备交互操作视角，从而给用户带来身临其境的体验。在无参考的 360 度图质量评估（no-reference 360-degree image quality assessment，NR 360IQA）中，GCN 通过图对视图之间的交互进行建模，取得了令人印象深刻的性能。然而，目前基于 GCN 的 NR 360IQA 方法存在 3 个主要局限性。

局限 1：只使用视窗的高级特征进行质量评价，这与人类的视觉感知过程不一致。

局限 2：由于每个边只连接两个视图，图在建模 3 个或更多视图之间的复杂交互方面的能力有限。

局限 3：图结构只表示视图之间的空间关系。然而，考虑视图之间的语义相关性对于质量评估也同样重要。

具体来说，由于用户一次只能观看 360 度图像的一小部分，因此需要浏览多个视图以进行准确的质量评估。在此过程中，用户根据相邻视图的视觉信息评估每个特征，然后通过每个画面质量聚合获得最终的质量分数。

为了解决这些问题，研究者提出了一种用于 NR 360IQA 的自适应超图卷积网络（adaptive hypergraph convolutional network，AHGCN）[14]。具体来说，首先开发一个多级视图描述符，它结合了视图的低级、中级和高级特性来生成层次表示。然后，通过超图而非普通图来建模视图之间的交互。对于每个视图，根据视图之间的角度距离构建基于位置的超边，根据视图之间的内容相似性构建基于内容的超边。实验结果表明，提出的 AHGCN 模型能更准确地预测不同失真类型和水平下的感知质量。

AHGCN 设计了一个多级视图描述符，并验证了分层表示的有效性。首次尝试使用超图来建模视图之间的交互，并表明超图在捕获高阶依赖关系方面优于普通图。

从一个失真的 360 度照片 I 采样 N 个视图 $V=\{v_1,v_2,\cdots,v_n\}$，目标是通过映射 F 预测 I 的质量分数 $Q=F(V;\theta)$。通过 AHGCN 去建模 F。AHGCN 由 3 部分组成：视图描述符、超图构造器和视图质量预测器。

首先，视图描述符的目的是从输入视图中提取层级特征。近期，深度卷积神经网络在表示感知图像畸变方面展现出了非凡的能力。受此启发，AHGCN 在其主框架中构建了视图描述符，并在 ImageNet 数据库上进行了预训练以进行对象识别。

视图描述符首先将输入的视图可见性指数（viewport vif）提供给骨干网络 f，计算公式如下：

$$L_i=\{l_{i,1},l_{i,2},\cdots,l_{i,m}\}=f(v_i;\theta_f),\forall i\in[1,N] \tag{5-30}$$

其中，L_i 为第 i 个视图的多级特征；$l_{i,m}$ 为第 m 层的特征图；θ_f 为预训练权重的大小。然后，将每个特征图分别压缩为一个向量，计算公式如下：

$$c_{i,j}=g(l_{i,j}),\forall j\in[1,m] \tag{5-31}$$

其中，$g(\cdot)$ 为压缩函数；$c_{i,j}\in\mathbb{R}^d$ 为第 j 维特征的压缩结果。最后，将压缩的多级特征连接起来，得到第 i 个视角的特征 x_i，计算公式如下：

$$\boldsymbol{x}_i = \boldsymbol{c}_{i,1} \cup \boldsymbol{c}_{i,2} \cup \cdots \cup \boldsymbol{c}_{i,m} \tag{5-32}$$

其次，超图构造器旨在为每个视图发现基于位置的超边和基于内容的超边。基于位置的超边计算公式如下：

$$E_{\text{loc}} = \{e_{\text{loc}}^1, e_{\text{loc}}^2, \cdots, e_{\text{loc}}^N\} \in \mathbb{R}^{N \times N} \tag{5-33}$$

$$e_{\text{loc}}^{i,p} = \begin{cases} 1, \text{AngularDist}[(\phi_i, \Theta_i), (\phi_p, \Theta_p)] \leqslant \delta \\ 0, \text{其他} \end{cases} \tag{5-34}$$

其中，$\text{AngularDist}(\cdot)$ 计算第 i 个视口和第 p 个视图之间的角距离；(ϕ_i, Θ_i) 与 (ϕ_p, Θ_p) 分别为视口 i 与 p 的经度和纬度；δ 为一个预定义的角距离阈值。

基于内容的超边计算公式如下：

$$E_{\text{con}} = \{e_{\text{con}}^1, e_{\text{con}}^2, \cdots, e_{\text{con}}^N\} \in \mathbb{R}^{N \times N} \tag{5-35}$$

其中，N 为超边数量；E_{con} 为超边集合。

超边 $e_{\text{loc}}^{i,p}$ 收集第 i 视图的语义邻域，具体计算公式如下：

$$e_{\text{loc}}^{i,p} = \begin{cases} 1, v_p \in N(v_i) \\ 0, \text{其他} \end{cases} \tag{5-36}$$

其中，$N(v_i)$ 为在特性空间中最接近 k 视图的第 i 个视图的节点。为了简单起见，测量视角 i 和视角 p 特征相似度之间的距离，计算公式如下：

$$S_{i,p} = \frac{\boldsymbol{x}_i \cdot \boldsymbol{x}_p}{\max\{\|\boldsymbol{X}_i\|_2 \cdot \|\boldsymbol{X}_p\|_2, \varepsilon\}} \tag{5-37}$$

其中，$\|\cdot\|_2$ 为 2 范数；$\max\{\}$ 为最值函数，视图质量预测器为有 N 个视图的分层特征 $\boldsymbol{X} = \{\boldsymbol{x}_1, \boldsymbol{x}_2, \cdots, \boldsymbol{x}_N\} \in \mathbb{R}^{N \times md}$，超图结构表示为 $E = \{E_{\text{loc}}, E_{\text{con}}\} \in \mathbb{R}^{N \times 2N}$。归一化后的超图结构为 $\hat{\boldsymbol{E}} = \boldsymbol{D}_v^{-1/2} \boldsymbol{E} \boldsymbol{D}_e^{-1} \boldsymbol{E}^T \boldsymbol{D}_v^{-1/2}$。

HGCN 层计算公式如下：

$$\boldsymbol{H}^{(t+1)} = \sigma(BN_{\gamma,\beta}(\hat{\boldsymbol{E}} \boldsymbol{H}^{(t)} \boldsymbol{w}_1^{(t)} + \boldsymbol{H}^{(t)} \boldsymbol{w}_2^{(t)})) \tag{5-38}$$

其中，$\sigma(\cdot)$ 为非线性变换函数；BN 为批量归一化方法，使得每个特征维度的均值接近于 0，方差接近于 1；$\boldsymbol{w}_1^{(t)}$ 和 $\boldsymbol{w}_2^{(t)}$ 均为可学习的权重参数矩阵。与 HGNN 相比，为了加速和稳定训练，增加了批量归一化和残差连接。最终的质量分数 Q 由一个平均的池化层 $\text{Mean}(\cdot)$ 计算得出，计算公式如下：

$$Q = \text{Mean}(\boldsymbol{H}^n) \tag{5-39}$$

在训练时，以均方误差（mean square error，MSE）作为训练目标，计算公式如下：

$$L_{\text{MSE}} = \frac{1}{B} \sum_{b=1}^{B} (Q_b - G_b)^2 \tag{5-40}$$

其中，B 为实验中批量的大小；Q_b 与 G_b 分别为第 b 幅扭曲 360 度图像的估计 MOS 值和地面真实 MOS 值。

参 考 文 献

[1] KHAN B, WU J, YANG J, et al. Heterogeneous hypergraph neural network for social recommendation using attention network[J]. ACM Transactions on Recommender Systems, 2023, 8(7):192-212.

[2]　WANG J, ZHANG Y, WANG L, et al. Multitask hypergraph convolutional networks: A heterogeneous traffic prediction framework[J]. IEEE Transactions on Intelligent Transportation Systems, 2022, 23(10): 18557-18567.

[3]　WU H, NG M K. Hypergraph convolution on nodes-hyperedges network for semi-supervised node classification[J]. Proceedings of the ACM Transactions on Knowledge Discovery from Data, 2022, 16(4): 1-19.

[4]　GAO Y, FENG Y, JI S, et al. HGNN+: General hypergraph neural networks[J]. IEEE Transactions on Pattern Analysis and Machine Intelligence, 2022, 45(3): 3181-3199.

[5]　JIANG J, WEI Y, FENG Y, et al. Dynamic hypergraph neural networks[C]//The Twenty-eighth International Joint Conference on Artificial Intelligence. Macao: MIT, 2019: 2635-2641.

[6]　FU X, XIAO J, ZHU Y, et al. Continual image deraining with hypergraph convolutional networks[J]. IEEE Transactions on Pattern Analysis and Machine Intelligence, 2023, 45(8): 9534-9551.

[7]　XU Q, LIN J, JIANG B, et al. Hypergraph convolutional network for hyperspectral image classification[J]. Neural Computing and Applications, 2023, 35(18): 21863-21882.

[8]　XU Q, XU S, LIU J, et al. Dynamic hypergraph convolution and recursive gated convolution fusion network for hyperspectral image classification[J]. IEEE Geoscience and Remote Sensing Letters, 2023, 20(13): 1-5.

[9]　HAN Z, ZHENG X, CHEN C, et al. Intra and inter domain hypergraph convolutional network for cross-domain recommendation[C]//The Fifteenth ACM Web Conference. New York: ACM, 2023: 449-459.

[10]　BANDYOPADHYAY S, DAS K, MURTY M N. Line hypergraph convolution network: Applying graph convolution for hypergraphs[J]. arXiv Preprint arXiv:2002.03392, 2020.

[11]　WU X, CHEN Q, LI W, et al. AdaHGNN: Adaptive hypergraph neural networks for multi-label image classification[C]//The Twenty-eight ACM International Conference on Multimedia. Seattle: ACM, 2020: 284-293.

[12]　BANDYOPADHYAY S, DAS K, MURTY M N. Hypergraph attention isomorphism network by learning line graph expansion[C]//The Sixth IEEE International Conference on Big Data. Virtual-only: IEEE, 2020: 669-678.

[13]　WEI J, WANG Y, GUO M, et al. Dynamic hypergraph convolutional networks for skeleton-based action recognition[J]. arXiv Preprint arXiv:2112.10570, 2021.

[14]　FU J, HOU C, ZHOU W, et al. Adaptive hypergraph convolutional network for no-reference 360-degree image quality assessment[C]//The Thirtieth ACM International Conference on Multimedia. New York: ACM, 2022: 961-969.

第6章　常用的图神经网络工具

本章将详细解析两个广泛应用的图神经网络工具：PyTorch 几何库（PyTorch geometric library，PyG）和深度图形库（deep graph library，DGL）。通过探讨它们的特色背景、核心构造组件、图形数据表示法以及图神经网络模型示例，帮助读者深入理解如何利用这些工具进行图神经网络的构建。

6.1　PyG

6.1.1　PyG 介绍

PyG 是一个基于 PyTorch 的图神经网络库[1]，其目标是为研究人员和开发者提供处理图数据和图神经网络模型的工具和框架，其核心理念和目标是满足处理图数据的需求，简化图神经网络的开发流程，并加速图神经网络的研究和应用进程。PyG 具有以下优势。

（1）高效的图数据处理工具。PyG 提供了丰富的图数据表示和操作工具，使用户能够方便地加载、处理和操作图数据。它支持节点特征、边索引和边特征矩阵的表示，并提供了图操作函数和数据转换工具，使用户能够快速地准备和预处理图数据。

（2）多种图神经网络模型的实现。PyG 实现了多个经典和最新的图神经网络模型，包括 GCN、GAT、GAE 等[2-5]。这些模型已经被广泛研究和使用，用户可以直接使用这些模型进行图数据的学习和推理任务。

（3）与 PyTorch 兼容。PyG 基于 PyTorch，充分利用了 PyTorch 在张量计算和深度学习方面的优势。它与 PyTorch 的紧密集成使得用户可以灵活地使用 PyTorch 的功能，并结合图神经网络进行模型训练和优化。同时，用户还可以利用 PyTorch 生态系统中的其他库和工具来增强模型的功能和性能。

（4）广泛的应用领域和使用范围。PyG 的应用领域非常广泛，包括社交网络分析、推荐系统、生物信息学、化学分子建模等。它适用于处理各种类型的图数据，无论是静态图还是动态图，无向图还是有向图，都可以通过 PyG 进行有效的处理和分析。

6.1.2　PyG 的核心组件

1. Data 类

在 PyG 中，Data 类是一个核心组件，用于存储和操作图数据。它提供了一种灵活且高效的方式来表示图结构，并支持存储节点特征、边索引和边特征等信息。Data 类的主要功能如下。

（1）存储如下图结构信息：

- 节点索引：通过节点索引可以唯一标识图中的每个节点。
- 边索引：边索引用于描述图中节点之间的连接关系，可以表示有向图或无向图。
- 边特征：可以存储每条边的特征向量或权重。
- 全局特征：可以存储整个图的全局特征。

（2）存储节点特征矩阵。可以存储每个节点的特征向量，每一行代表一个节点的特征向量。

（3）支持多种数据类型。Data 类支持不同类型的数据，如整数、浮点数、布尔值等，可以灵活地存储和处理各种类型的图数据。

（4）灵活的属性管理。Data 类提供了灵活的属性管理机制，可以在 Data 对象中存储和访问自定义属性。这使得用户可以根据需要自由扩展存储的数据信息。

（5）数据转换。Data 类支持数据转换操作，可以进行数据的预处理、转换和正则化等操作。这些转换可以通过 PyG 提供的 Transform 类实现。

通过使用 Data 类，用户可以将图数据组织为一个统一的对象，并可以方便地存储和访问节点特征、边索引和边特征等信息。这种数据表示的方式使得图神经网络模型的输入和输出更加简洁和统一，并且可以方便地应用于各种图神经网络模型和算法中。

2. DataLoader 类

在 PyG 中，DataLoader 类是一个用于批量加载图数据的工具。它基于 PyTorch 的 DataLoader 类进行扩展，提供了专门针对图数据的批量加载和处理功能。DataLoader 类的主要功能如下。

（1）批量加载图数据。DataLoader 类可以从 Data 对象集合中按照指定的批量大小（batch size）生成小批量的图数据。它支持随机抽样或顺序抽样的方式，用于生成每个批次的图数据。

（2）并行处理。DataLoader 类可以使用多个子进程进行数据加载和预处理，从而加快数据加载和处理的速度。这对于处理大规模的图数据集尤为重要。

（3）自定义扩展功能。DataLoader 类提供了一些可自定义的功能，如数据转换、样本分布方式、数据重排等。这使得用户可以根据需要进行个性化的数据处理和加载操作。

（4）数据迭代。DataLoader 类可以迭代生成每个小批量的图数据，方便用户在训练和推理过程中逐个处理图数据。

使用 DataLoader 类，用户可以轻松地批量加载和处理图数据，提高数据处理的效率和性能。它为图神经网络的训练、验证和测试提供了便利的数据管理和迭代接口，同时还支持与 PyTorch 的其他功能和工具的无缝集成。

3. Transform 类

在 PyG 中，Transform 类是一个用于数据预处理和转换的工具。它可以应用于 Data 对象，对图数据进行各种形式的预处理和转换操作，以提高数据的质量和可用性。Transform 类的主要功能如下：

（1）数据预处理。Transform 类可以执行各种数据预处理操作，如特征标准化、图结构规范化、缺失值处理等。这些预处理操作有助于提高数据的一致性和可比性，使其更适合于训练和评估图神经网络模型。

（2）数据转换。Transform 类可以进行数据的转换操作，如特征变换、图结构变换等。这些转换操作可以用于提取、修改或增强图数据的特征，以适应具体的任务和模型需求。

（3）批量处理。Transform 类支持对批量图数据进行处理，可以应用于 DataLoader 类的数据加载过程。这使得在批量加载图数据时能够方便地对每个批次的数据进行相同的预处理和转换操作。

（4）可组合性。多个 Transform 类可以按顺序组合使用，形成一个预处理和转换的流水线。这样的组合可以灵活地将多个数据处理步骤串联起来，以实现更复杂的数据处理需求。

使用 Transform 类，用户可以自定义和应用各种预处理和转换操作，以便更好地准备和改善图数据。通过将 Transform 应用于图数据，用户可以根据具体任务的需要进行数据的变换和增强，从而提高图神经网络的性能和鲁棒性。

4. 图操作函数

在 PyG 中，提供了一系列图操作函数，用于处理和操作图结构。这些函数允许用户对图进行各种常见的操作，从而更好地理解和分析图数据。

（1）子图提取：允许用户从原始图中提取指定节点或边的子图，以便进行更精细的分析和处理。

- subgraph：提取指定节点或边的子图。

（2）图连接：可以将多个图连接在一起，生成一个更大的图结构。

- add_self_loops：在图中添加自环边。
- concat：连接多个图。

（3）图切割：允许用户将图切割成多个连通子图，方便对每个子图进行单独的处理。

- to_dense_batch：将图切割为多个连通子图的稠密表示。
- to_dense_adj：将图切割为多个连通子图的邻接矩阵表示。

（4）图过滤：可以根据指定的条件过滤图中的节点和边，如根据节点的特征或边的权重进行过滤。

- contains_self_loops：检查图是否包含自环边。
- filter_nodes：根据指定的节点条件过滤图中的节点。
- filter_edges：根据指定的边条件过滤图中的边。

（5）图重排：可以对图中的节点或边进行重新排序，以改变它们的顺序。

- topk：对图中的节点或边按指定条件进行重排。

（6）图聚合：允许用户根据指定的聚合函数，对图中的节点或边进行聚合操作，生成新的节点或边。

- global_mean_pool：对图中的节点进行全局平均池化聚合。

- global_max_pool：对图中的节点进行全局最大池化聚合。
- global_add_pool：对图中的节点进行全局求和池化聚合。

这些图操作函数能够使用户对图进行各种灵活的处理和操作，以满足不同的分析和应用需求。它们可以被用于数据的预处理、特征工程、图神经网络模型的输入和输出处理等方面，从而提供更好的图数据管理和分析能力。

6.1.3 PyG 中的图数据表示

1. 节点特征矩阵

在图神经网络中，节点特征矩阵是一种表示图节点特征的常用数据结构。它是一个二维矩阵，其中每一行对应一个节点，每一列对应节点的一个特征。

节点特征矩阵的形状通常是 (N, D)，其中 N 是节点的数量，D 是每个节点的特征维度。每个节点的特征向量被表示为矩阵中的一行，可以包含不同类型的特征，如数值特征、类别特征或文本特征等。

在 PyG 中，节点特征矩阵通常被存储在 Data 对象的 x 属性中。用户可以通过访问 data.x 来获取节点特征矩阵。这个矩阵可以被用作图神经网络模型的输入，用于节点特征的表示和处理。节点特征矩阵往往是节点的文本特性特征，里面包含 0 和 1，横坐标是节点的文本特征，纵坐标是词典，如果文本特征中的某个词语与词典中的词语相等，则节点特征矩阵中此处的元素设置为 1，否则为 0。

2. 边索引和边特征矩阵

在图神经网络中，除了节点特征矩阵，边索引和边特征矩阵也是常用的图数据表示形式。

边索引用于表示图中节点之间的连接关系。通常以稀疏矩阵的形式表示，其中非零元素表示存在边的连接关系，零元素表示没有边的连接关系。边索引矩阵的形式通常是 $(2,E)$，其中每列表示一条边，第一行为源节点的索引，第二行为目标节点的索引。

边特征矩阵用于表示边的特征信息，如边的权重、类型等。边特征矩阵的形状通常是 (E,F)，其中 E 是边的数量，F 是每条边的特征维度。每一行对应一条边的特征向量。

在 PyG 中，边索引矩阵和边特征矩阵通常被存储在 Data 对象的 edge_index 和 edge_attr 属性中。用户可以通过访问 data.edge_index 和 data.edge_attr 来获取边索引矩阵和边特征矩阵。

3. 图级别特征

在图神经网络中，除了节点级别和边级别的特征，还存在图级别的特征。图级别的特征是对整个图结构进行汇总和提取的特征，用于表示整个图的属性或全局信息。图级别特征可以包括以下类型。

1）图的全局统计特征

- 节点数量：图中节点的数量。

- 边数量：图中边的数量。
- 平均度数：节点平均连接的边数。

2）图的全局属性特征
- 图的标签：表示图的类别或属性信息。
- 图的属性向量：用于描述图的其他属性，如社交网络中的用户年龄、电子商务中的商品销量等。

3）图的全局汇聚特征
- 汇聚节点特征：通过对节点特征进行汇聚操作，生成整个图的特征。常见的汇聚操作包括求和、平均、最大值等。
- 汇聚边特征：通过对边特征进行汇聚操作，生成整个图的特征。常见的汇聚操作包括求和、平均、最大值等。

图级别特征提供了对整个图结构的全局视图和概括，有助于图神经网络模型更好地理解和处理图数据。这些特征可用于图分类、图生成、图聚类等任务，以及图神经网络模型的输入和输出表示。在构建图神经网络模型时，合理选择和设计图级别特征对于任务的成功和性能具有重要意义。

6.1.4 PyG 中的图神经网络模型

PyG 提供了许多主流的图神经网络模型，下面介绍几种常用模型。

（1）GCN。在 PyG 中，可以使用 torch_geometric.nn.conv.GCNConv 实现 GCN 模型。

（2）GAT。在 PyG 中，可以使用 torch_geometric.nn.conv.GATConv 实现 GAT 模型。

（3）图自适应邻居聚合（graph sample and aggregation，GraphSAGE）。GraphSAGE 是一种基于邻居采样和聚合的图神经网络模型，用于学习节点的表示和特征。在 PyG 中，可以使用 torch_geometric.nn.conv.SAGEConv 实现 GraphSAGE 模型。

（4）GAE。GAE 是一种用于学习图数据的低维表示的图神经网络模型，常用于图的降维和特征提取。在 PyG 中，可以使用 torch_geometric.nn.models.GAE 实现 GAE 模型。

这些图神经网络模型在 PyG 中提供了相应的实现，可以根据具体的任务和需求选择合适的模型进行使用。通过结合这些模型和 PyG 提供的其他功能，可以进行图数据的表示学习、图分类、图生成、图聚类、图强化学习等各种任务。

6.1.5 使用示例与案例

1）加载和处理图数据

（1）了解图数据的来源和格式，可以从现有的数据集中加载图数据。

（2）使用 PyG 中的 Data 对象来存储和操作图数据，包括节点特征矩阵、边索引和边特征矩阵等。

（3）对数据进行预处理，如归一化节点特征、分割训练集和测试集等。

2）构建图神经网络模型

（1）选择适合任务的图神经网络模型，如 GCN、GAT、GraphSAGE 等。

（2）在 PyG 中实例化模型对象，并设置模型的参数和层次结构。

（3）定义模型的前向传播过程，通过图卷积操作、注意力机制等来学习节点表示和图级别特征。

3）模型训练和评估

（1）使用训练集对图神经网络模型进行训练，通过反向传播和优化算法（如随机梯度下降）更新模型参数。

（2）定义损失函数来衡量模型的预测结果与真实标签之间的差异。

（3）在测试集上进行模型评估，计算预测结果的准确性、召回率、F1 值等指标，评估模型的性能。

4）结果可视化和分析

（1）使用可视化工具（如 Matplotlib、Seaborn）绘制图形，展示模型预测结果、学习曲线等。

（2）可视化节点嵌入空间，将高维的节点表示映射到二维或三维空间中，观察节点之间的聚类和分布情况。

（3）进行结果分析，观察模型在不同类别或属性上的性能差异，探索误差的来源，根据需求进行模型改进和调优。

下面给出一个完整的示例代码供学习者参考。

```python
import torch
import torch.nn as nn
import torch.optim as optim
import torch.nn.functional as F
from torch_geometric.datasets import Planetoid
from torch_geometric.data importDataLoader
from torch_geometric.nn import GCNConv

# 1. 加载数据和定义图神经网络结构
dataset = Planetoid(root = '/path/to/dataset', name = 'Cora')
class GCN(nn.Module):
    def __init__(self, in_features, hidden_features, out_features):
        super(GCN, self).__init__()
        self.conv1 = GCNConv(in_features, hidden_features)
        self.conv2 = GCNConv(hidden_features, out_features)
    def forward(self, x, edge_index):
        x = self.conv1(x, edge_index)
        x = F.relu(x)
        x = self.conv2(x, edge_index)
        return x

# 2. 构建图神经网络模型
model = GCN(dataset.num_features, 16, dataset.num_classes)
# 3. 模型训练和评估
device = torch.device('cuda' if torch.cuda.is_available() else 'cpu')
model = model.to(device)
data = dataset[0].to(device)
optimizer = optim.Adam(model.parameters(), lr = 0.01)
```

```python
def train(model, data):
    model.train()
    optimizer.zero_grad()
    output = model(data.x, data.edge_index)
    loss = F.nll_loss(output[data.train_mask], data.y[data.train_mask])
    loss.backward()
    optimizer.step()
def test(model, data):
    model.eval()
    logits, accs = model(data.x, data.edge_index), []
    for _, mask in data('train_mask', 'val_mask', 'test_mask'):
        pred = logits[mask].max(1)[1]
        acc = pred.eq(data.y[mask]).sum().item() / mask.sum().item()
        accs.append(acc)
    return accs
for epoch in range(1, 201):
    train(model, data)
    train_acc, val_acc, test_acc = test(model, data)
    if epoch % 10 == 0:
        print(f'Epoch: {epoch}, Train: {train_acc:.4f}, Val: {val_acc:.4f},
Test: {test_acc:.4f}')

# 4. 结果可视化和分析
import matplotlib.pyplot as plt
from sklearn.manifold import TSNE
model.eval()
output = model(data.x, data.edge_index)
embeddings = TSNE(n_components=2).fit_transform(output.detach().
cpu().numpy())
colors = data.y.detach().cpu().numpy()
plt.figure(figsize=(10, 8))
plt.scatter(embeddings[:, 0], embeddings[:, 1], c = colors, cmap = 'viridis')
plt.xticks([])
plt.yticks([])
plt.title('t-SNE Visualization of Node Embeddings')
plt.colorbar()
plt.show()
```

6.2 DGL

6.2.1 DGL 介绍

DGL 是一个专门用于图神经网络的深度学习库[6]，其主要目标是简化图数据的处理和建模过程。DGL 为开发者提供了一套高效、灵活且易于使用的工具，使他们能够轻松地构建、训练和部署各种图神经网络模型。DGL 的特点和优势主要体现在以下几个方面。

（1）DGL 具备灵活性，支持多种图表示方法和操作，允许用户自由定义和操作节点和边的特征。用户可以选择使用邻接矩阵、边列表或其他形式来表示图数据，并可以自定义节点和边的特征向量。这种灵活性使得 DGL 适用于不同类型的图数据，并能够处理各种复杂的图结构。

（2）DGL 具有良好的可扩展性，能够处理大规模图数据，并支持分布式计算和 GPU 加速。对于大型图数据集，DGL 可以利用分布式计算框架（如 Apache Spark）进行高效的并行计算，以加快训练和推理的速度。此外，DGL 还能够利用 GPU 加速，充分利用硬件资源，进一步提升计算性能。

（3）DGL 提供了多种经典的图神经网络模型，包括 GCN、GAT、GAE 等。这些模型已被广泛应用于图数据的分类、聚类、预测等任务中，并具有良好的性能和可解释性。DGL 的模型实现具有高效的计算图表示和可训练的参数，使用户能够方便地构建和训练自己的图神经网络模型。

（4）DGL 与主流深度学习框架（如 PyTorch 和 TensorFlow）无缝集成，这意味着用户可以充分利用深度学习框架的强大功能和丰富的生态系统。用户可以将 DGL 与 PyTorch 或 TensorFlow 的其他模块和工具结合使用，如自定义损失函数、优化器和数据加载器，以构建完整的图神经网络应用。

6.2.2　DGL 的核心组件

1）图对象（graph object）

图的创建和修改：使用 dgl.graph()函数创建图对象，可以通过添加节点和边的方法来修改图的结构。例如，使用 add_nodes()方法添加节点，使用 add_edges()方法添加边。需注意的是，函数名后面的括号为英文输入法下的括号。

- 节点和边的添加和删除：通过 add_nodes()和 add_edges()方法，可以动态地添加节点和边到图中。使用 remove_nodes()和 remove_edges()方法可以删除指定的节点和边。

- 图结构的变换和操作：DGL 提供了一系列方法来对图进行重排序、剪枝、拆分等操作，如 subgraph()方法用于提取子图，line_graph()方法用于生成线图。

2）节点表示（node representation）

- 节点特征矩阵（node feature matrix）：使用 ndata 属性来访问和修改节点特征矩阵，如通过 graph.ndata['feat']来获取节点特征矩阵。节点特征矩阵存储了图中所有节点的特征向量，可以表示节点的属性信息。

- 节点特征的获取和修改：可以通过节点索引和切片的方式来获取和修改节点特征矩阵中特定节点的特征向量。例如，使用 graph.ndata['feat'][idx]可以获取索引为 idx 的节点的特征向量。

- 节点特征的嵌入和编码：DGL 提供了各种节点特征嵌入和编码方法，如图卷积网络（dgl.nn.GraphConv）、注意力机制（dgl.nn.GATConv）等，以提取节点特征的表示。

3）边表示（edge representation）

- 边索引（edge index）：使用 edata 属性来访问和修改边索引。例如，可以通过 graph.edata['edge_index']来获取边索引。边索引是一个二维矩阵，用于表示边的连接关系。
- 边特征矩阵（edge feature matrix）：使用 edata 属性来访问和修改边特征矩阵。例如，通过 graph.edata['feat']来获取边特征矩阵。边特征矩阵存储了图中所有边的特征信息，可以表示边的权重、距离等属性。
- 边特征的获取和修改：可以通过边索引和切片的方式来获取和修改边特征矩阵中特定边的特征向量。例如，使用 graph.edata['feat'][idx]可以获取索引为 idx 的边的特征向量。

这些核心组件在 DGL 中起着关键的作用，提供了对图数据进行创建、修改和操作的功能，以及对节点和边特征进行获取和修改的灵活性。使用这些组件和相应的 DGL 方法和属性，可以方便地处理图数据，构建图神经网络模型，并进行训练、推理和分析。

6.2.3 DGL 中的图数据表示

DGL 提供了多种图数据表示的方法，以适应不同类型的图数据和任务需求。以下是 DGL 中的图数据表示的主要内容。

1）节点特征矩阵

- 节点特征的存储和访问：在 DGL 中，节点特征矩阵存储在 ndata 属性中。用户可以使用 graph.ndata['feat']来获取节点特征矩阵，其中 feat 是特征的名称。节点特征矩阵是一个二维张量，每行对应一个节点，每列对应节点的特征。
- 节点特征的修改和更新：用户可以通过直接对 ndata 属性进行赋值来修改节点特征矩阵中的值。例如，graph.ndata['feat'] = new_features 可以用实现新的特征矩阵替换原始的节点特征矩阵。

2）边索引和边特征矩阵

- 边索引的存储和访问：边索引是一个二维张量，用于表示图中每条边的源节点和目标节点的索引。在 DGL 中，边索引存储在 edata 属性中，可以通过 graph.edata['edge_index']来获取。边索引的形状为（2, num_edges），其中第一行是源节点索引，第二行是目标节点索引。
- 边特征的存储和访问：边特征矩阵是一个二维张量，用于表示图中每条边的特征。在 DGL 中，边特征矩阵存储在 edata 属性中，可以通过 graph.edata['feat']来获取。边特征矩阵的行数应与边索引的列数相同，即每条边对应一行特征。

3）图级别特征

- 图级别特征的存储和访问：图级别特征是用于表示整个图的全局属性。在 DGL 中，图级别特征存储在 graph 对象的属性中，可以通过 graph.graph_attr['feat']来获取。图级别特征是一个一维张量，用于描述整个图的属性或汇总节点和边的信息。

通过这些灵活的图数据表示方法，用户可以轻松地存储和操作节点和边的特征信息，以及图级别的特征。这为构建图神经网络模型奠定了基础，并能够从图结构中提取丰富的信息，用于解决各种图相关的任务。

6.2.4 DGL 中的图神经网络模型

DGL 提供了丰富的图神经网络模型的实现，以便用户能够快速构建和训练图相关的深度学习模型。以下是 DGL 中一些常见的图神经网络模型。

（1）GCN。DGL 提供了 dgl.nn.GraphConv 模块，用于构建 GCN 模型。用户可以通过堆叠多个 GraphConv 层来构建深层 GCN 模型。

（2）GAT。DGL 提供了 dgl.nn.GATConv 模块，用于构建 GAT 模型。用户可以指定注意力头的数量和注意力机制的类型，以便定制化 GAT 模型。

（3）GAE。DGL 提供了 dgl.nn.GraphConv 和 dgl.nn.GraphConvTranspose 模块，可以使用这些模块构建 GAE 模型，通过编码器和解码器实现图重建任务。

（4）GraphVAE。DGL 提供了 dgl.nn.GraphConv 和 dgl.nn.GraphConvTranspose 模块，可以使用这些模块构建 GraphVAE 模型，并结合概率分布来实现图的生成。

6.2.5 使用示例与案例

使用示例和案例可以更好地理解 DGL 如何加载和处理图数据、构建图神经网络模型、进行模型训练和评估，并对结果进行可视化和分析。

下面给出完成的示例代码供学习者参考。

```python
# 1. 加载图数据
import dgl
# 示例：加载 Cora 数据集
data = dgl.data.CoraGraphDataset()
graph = data[0]
# 查看图的基本信息
print(graph)
print(graph.num_nodes())
print(graph.num_edges())
print(graph.ndata['feat'])
# 2. 定义图神经网络结构
import torch
import torch.nn as nn
import dgl.nn as dglnn
class GCN(nn.Module):
    def __init__(self, in_feats, hidden_size, num_classes):
        super(GCN, self).__init__()
        self.conv1 = dglnn.GraphConv(in_feats, hidden_size)
        self.conv2 = dglnn.GraphConv(hidden_size, num_classes)
    def forward(self, graph, features):
        x = torch.relu(self.conv1(graph, features))
        x = self.conv2(graph, x)
        return x
# 创建 GCN 模型实例
```

```
model = GCN(in_feats, hidden_size, num_classes)
# 3．模型训练和评估
import torch.optim as optim
# 示例：定义优化器和损失函数
optimizer = optim.Adam(model.parameters(), lr = 0.01)
criterion = nn.CrossEntropyLoss()
# 训练过程
def train(model, graph, features, labels):
    optimizer.zero_grad()
    output = model(graph, features)
    loss = criterion(output, labels)
    loss.backward()
    optimizer.step()
# 示例：模型训练
for epoch in range(num_epochs):
    train(model, graph, features, labels)
# 示例：模型评估
def evaluate(model, graph, features, labels):
    with torch.no_grad():
        output = model(graph, features)
        _, predicted = torch.max(output, 1)
        accuracy = (predicted == labels).sum().item() / len(labels)
        return accuracy
accuracy = evaluate(model, graph, features, labels)
print("Accuracy:", accuracy)
# 4．结果可视化和分析
import networkx as nx
import matplotlib.pyplot as plt
# 示例：图可视化
nx_graph = graph.to_networkx().to_undirected()
nx.draw(nx_graph, with_labels=True)
plt.show()
# 示例：训练曲线绘制
plt.plot(train_losses, label = 'Train Loss')
plt.plot(val_losses, label = 'Validation Loss')
plt.xlabel('Epoch')
plt.ylabel('Loss')
plt.legend()
plt.show()
# 示例：混淆矩阵绘制
from sklearn.metrics import confusion_matrix
output = model(graph, features)
_, predicted = torch.max(output, 1)
cm = confusion_matrix(labels, predicted)
print("Confusion Matrix:")
print(cm)
```

参 考 文 献

[1]　FEY M, LENSSEN J E. Fast graph representation learning with PyTorch Geometric[J]. arXiv Preprint arXiv:1903.02428, 2019.

[2]　KIPF T N, WELLING M. Semi-supervised classification with graph convolutional networks[J]. arXiv Preprint arXiv:1609.02907, 2016.

[3]　VELIČKOVIĆ P, CUCURULL G, CASANOVA A, et al. Graph attention networks[J]. arXiv Preprint arXiv:1710.10903, 2017.

[4]　HAMILTON W, YING Z, LESKOVEC J. Inductive representation learning on large graphs[C]//The Thirtieth Advances in Neural Information Processing Systems. Long Beach: Curran Associates, 2017:30-44.

[5]　BRUNA J, ZAREMBA W, SZLAM A, et al. Spectral networks and locally connected networks on graphs[J]. arXiv Preprint arXiv:1312.6203, 2013.

[6]　WANG M, ZHENG D, YE Z, et al. Deep graph library: A graph-centric, highly-performant package for graph neural networks[J]. arXiv Preprint arXiv:1909.01315, 2019.

第7章　自然语言处理与图神经网络

自然语言处理（natural language processing，NLP）与 GNN 之间有着紧密的联系。NLP 是一种涉及处理与理解人类语言的技术，而 GNN 则是一种专门用于处理图形数据的深度学习模型。在 NLP 领域，文本数据可以被构造为图形结构，其中每个单词或短语都可以被视为图中的一个节点，它们之间的相关性则可以被看作是图中的边。GNN 能够有效地处理这种图形结构数据，因此可以被广泛应用于 NLP 的多个任务中，包括文本分类、情感分析、命名实体识别等。此外，GNN 还可用于创建语义表示模型，从而能够更好地理解并处理自然语言。通过将文本数据转换为图形结构，并利用 GNN 进行学习与推理，可以更加准确地捕捉到文本数据中的语义与语法信息，从而提高 NLP 的效果与性能。因此，NLP 与 GNN 之间存在着一种相互推动与融合的关系。

7.1　基于图神经网络的自然语言处理方法及应用

在日常生活中，许多情况可以用图形结构来表示。在自然语言处理领域，也存在许多图形结构的样例。例如，如果想表示句子的句法信息，可以构建一个依赖关系树；如果想捕获句子的语义信息，可以创建一个抽象的语义表示（abstract meaning representation，AMR）图。另外，当把程序语言看作一种自然语言时，也可以构建一个捕获其逻辑关系的图。

当前存在的文本处理方法可以被分为三种。第一种是词袋模型，它统计每个词在句子或文档中出现的频率。但这种方法无法捕获词序和语义信息。第二种方法是词序列模型，这种方法更接近人类对句子的理解方式，相较于词袋模型，词序列模型可能会捕获更有价值的信息。第三种方法是用图形表示文本，如依赖关系图和 AMR 图等。当文本被表示为图形时，不仅可以捕获句子中词的顺序关系，还可以获取任意两个词之间的语法和语义关系。因此，将图形与自然语言处理相结合以处理实际问题是非常必要的。

本节将介绍如何在自然语言中构建图形结构，如何在图形结构的基础上进行表示学习，以及两个在自然语言处理任务中较为经典的、涉及图神经网络的全局框架。这种结合为处理自然语言提供了更广阔的可能性。

1. 背景与发展

在深度学习兴起之前，已有一些算法开始利用图来处理自然语言，如使用随机游走理论计算文本之间的相似性等。然而，传统方法在处理语言时存在很大的局限性，例如，缺乏良好的特征提取环节，只能解决有限的任务，无法处理句子生成、词分类、句子分类等。在对模型进行预处理时，通常需要将多个任务混合在一起进行训练，因此需要一个统一的图特征提取标准。为了弥补传统方法的不足，图深度学习被引入自然语言处理领域。

图神经网络的核心思想是不断更新每个节点的隐式表征，该过程主要依赖于邻居节点的表征向量对目标节点的影响。不同的图神经网络在定义邻居节点影响和信息传递方式上存在差异。图神经网络可以计算节点的表征向量，也可以计算整个图的表征向量。节点的表征向量可以通过图卷积实现，其中包括基于谱域、基于空域、基于注意力机制、基于自编码机制等。

在自然语言处理中，构建图结构至关重要。构建图结构能更全面地捕捉句子的语义、句法等信息，对整个图的形成非常关键。此外，根据不同的下游任务，关注句子的角度也会有所不同。因此，在处理问题时，需要根据下游任务的要求选择相应的构建方式或适合的图结构表示句子。

$$h_i^{(l)} = f_{\text{filter}}\left(A, H^{(l-1)}\right) \tag{7-1}$$

$$A', H' = f_{\text{pool}}(A, H) \tag{7-2}$$

其中，输入表示为邻接矩阵 A，代表图节点的连接关系；H 表示节点的嵌入（节点的表征向量）。如果任务是对节点进行分类或者链接预测，只需要学习节点的表征向量。然而，如果任务是对整个图进行分类或者生成，就需要得到整个图的表征向量，此时，需要进行池化操作。常见的图池化方式有两种：平面图池化、层次图池化。平面图池化较为简单，通常包括平均池化操作、最大池化操作和最小值池化操作。该方法将节点的特征进行聚合，得到整个图的表征。层次图池化较为复杂，例如经典的 Diffpool 算法。该方法的思想更为深入，它允许在不同层次上对图进行池化操作，从而得到更加丰富且复杂的图表征。上述两种方法代表了图神经网络底层的基本思想，选择适合任务需求的池化方式，有助于更好地处理整个图的信息，从而完成各种复杂的任务。

根据不同的图的卷积方式和不同的池化层就会得到不同的图神经网络，如基于谱域的图滤波、基于空域的图滤波、基于注意力机制的图滤波等生成不同的模型网络，都可以应用在不同的场景。

2. 核心方法与模型

对于不同的下游任务，模型对句子的关注点也不同，因此在处理问题时，需要根据下游任务选择适合的方式或图结构来表达句子。图的构造可分为两种：静态图构造、动态图构造[1-3]。

1）静态图构造

静态图构造的输入是原始句子或段落文本等。输出是对应输入所构造出的图结构。静态图可以在预处理阶段完成，但需要满足许多前提条件。例如，需要了解句子或文本的语法、语义和逻辑信息等。只有了解了这些信息，才能根据现有信息构造句子或文本的图。根据所选择的信息或文本的角度不同，可以有多种静态图构造方法，比如依赖关系图、AMR 图等。

依赖关系图依赖于依赖项解析，可用于捕捉句子的句法信息。依赖关系图主要关注两个词之间的句法关系，是一种相对简洁的构图方式。当用图表示整个文档时，可以通过添加一些连续的边来确保生成一个完整的图，这样可以保证连续的信息以及整个句子的前后关系。组成关系图则是另一种静态图构造的方式。与依赖关系图相比，组成关系图更能展现句法信息，并且更注重整体结构关系而不是两个句子或两个词之间的句法关系，因此能够更全面地展示句子的结构性。

AMR 图通常用于捕捉句子的语义信息，而信息抽取（information extraction，IE）图的构建也是用来捕捉语义信息的，信息抽取更侧重于两个词之间的语义关系。例如，假设 A 代表一个人名，B 代表一个地名，已知 A 和 B 是两个实体，且 B 是 A 的归属地，那么两个实体之间的关系是归属关系。了解了这两个实体及其关系后，就可以构建 IE 图并表示 A 是在 B 出生并长大的。

在信息抽取中，可以通过统计两个词出现的次数得出共现矩阵，将该矩阵作为构图的邻接矩阵，从而形成共现图。因此，从上述静态图构建的例子可知，首先输入一个样例文本，然后形成一个与词表相对应的矩阵。静态图的构建通常需要额外的领域知识来增强句子本身的信息。这些领域知识可以包括句法信息、语义信息、主题、逻辑以及基于应用的信息等。因此，根据不同的领域知识，可以构造不同的静态图结构，以更好地捕捉文本信息的丰富性。

2）动态图构造

与静态图构造类似，动态图构造也是从给定的原始文本中构建一个图结构，但相比之下，动态构图更为简便，因为它无须事先定义如何构建图，只需将文本传递给机器，让机器自行优化图结构。动态图构建中最关键的步骤之一是相似度学习，其核心是计算任意两个节点特征向量的相似度。

在基于节点嵌入的相似度量学习中，计算两个节点的嵌入特征的相似度，将相似度作为加权邻接矩阵的值。定义特征向量之间的相似度是一个关键问题。其中有两种典型的计算方法：基于注意力的方法（attention-based）、基于余弦相似度的方法（cosine-based）。

在基于注意力的方法中，计算节点间相似度时通常引入可学习的参数，以帮助计算每对节点的注意力。这种方法有两种计算方式：第一种方式假设所有节点共享一个可学习参数，该参数是一个向量；第二种方式则为每一对节点分配独立的可学习参数 $n \times n$，其中 n 代表节点的数量。具体计算公式如下：

$$S_{i,j} = (v_i w_p u)^\mathrm{T} v_j \tag{7-3}$$

$$S_{i,j} = \mathrm{ReLU}(W v_i)^\mathrm{T} \mathrm{ReLU}(W v_j) \tag{7-4}$$

其中，ReLU(·) 表示非线性变换函数，基于余弦相似度的方法通过把节点的表征先乘以可学习的参数矩阵，类似于将其投影到一个新的空间中，而后再计算新空间下两个表征向量之间的余弦值。观察式（7-3），可发现 w_p 为可学习权重向量，为了获得更好的效果，可以采用多头结构的方式，通过设置多个投影空间，学习多个 w_p，对于每一个头节点的参数都会有一个相似度分值。最后将所有的相似度的分值求平均，即为最终相似度的数值。在计算相似度分值的时候不仅要考虑节点嵌入，也要考虑其本身显示的图结构，所以此时可以用结构感知（structure-aware）来进行处理。

$$S_{i,j}^{l} = \text{Softmax}(\boldsymbol{u}^{\text{T}} \tanh(\boldsymbol{W}[\boldsymbol{h}_i^l, \boldsymbol{h}_j^l, \boldsymbol{v}_i, \boldsymbol{v}_j, \boldsymbol{e}_{i,j}])) \qquad (7\text{-}5)$$

$$S_{i,j} = \frac{\text{ReLU}(\boldsymbol{W}^Q \boldsymbol{v}_i)^{\text{T}}(\text{ReLU}(\boldsymbol{W}^k \boldsymbol{v}_i) + \text{ReLU}(\boldsymbol{W}^R \boldsymbol{e}_{i,j}))}{\sqrt{d}} \qquad (7\text{-}6)$$

其中，$\boldsymbol{e}_{i,j}$ 表示节点 i 与节点 j 的边信息。从式（7-5）和式（7-6）中可以看出，这其中不仅引入了节点的属性，还考虑到了边的属性。因此，在计算相似度时，需要考虑的不仅仅是两个节点的嵌入，还需要考虑初始边的嵌入，并将其纳入相似度的计算中。

3. 应用案例

齐次图通常用于处理传统的图神经网络，如 GCN、GAT、GraphSAGE、门控图中性网络（gated graph neural networks，GGNN）等。生成齐次图有两种方式：一种方式是图结构本身就是齐次的，即所有节点和边的类型相同，构成了一个单一类型的图；另一种方式是将一个非齐次图转化为齐次图，通常通过将多种节点和边类型抽象为单一类型的齐次图，在这种情况下，不同节点和边类型的信息可能会被合并或适当映射。

在构建图时，一个关键问题是边是否具有方向性。如果连接的边具有方向，那么在处理图结构时需要考虑边的方向性。边的方向性对于表示两个节点之间的关系非常重要，因此在设计图结构时需要充分考虑边的方向性。这通常意味着在消息传递的过程中，需要关注边的方向，以便更好地捕捉节点之间的关系和信息传递的方向。

目前处理方向性问题的方法通常有三种。

第一种方法是在信息传递过程中，只允许信息沿着特定方向传播。例如，在图 7-1 中，黑色节点实际上连接着四个灰色节点，但由于信息传递是沿着节点箭头的方向进行的，因此在示例中，黑色节点只受到三个连接点的影响。

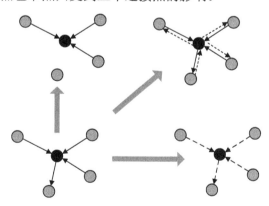

图 7-1 考虑方向性的传播机制

第二种方法是将图中的两个方向视为两个不同类型的边。这种方法将方向性信息转化为边的类型信息，使得网络可以区分不同方向上的连接关系。

第三种方法是设计一种特殊的图神经网络，以处理双向信息传递。这种双向图神经网络通常分为两种类型：Bi-Sep 和 Bi-Fuse。在 Bi-Sep 类型中，针对两个方向分别进行独立的卷积网络嵌入，然后将两个方向得到的节点表征连接在一起，形成最终的表征。在 Bi-Fuse 类型中，虽然同样有两个方向的卷积网络，但在每一层卷积后，更新后的节点表征会被聚合到一起，然后再次进行卷积操作。具体操作方式如下。

基于 Bi-Sep 的图神经网络特征传播公式为

$$h_{i,\dashv}^k = \text{GNN}(h_{i,\dashv}^{k-1}, \{h_{j,\dashv}^{k-1} : \forall v_j \in \mathcal{N}_\dashv(v_i)\}) \tag{7-7}$$

$$h_{i,\vdash}^k = \text{GNN}(h_{i,\vdash}^{k-1}, \{h_{j,\vdash}^{k-1} : \forall v_j \in \mathcal{N}_\vdash(v_i)\}) \tag{7-8}$$

其中，$h_{i,\dashv}^{k-1}$、$h_{j,\dashv}^{k-1}$ 分别表示节点 i 与节点 j 在第 k-1 层获得的节点表征，在最后一跳连接向后/向前节点嵌入，即

$$h_i^K = h_{i,\dashv}^K \| h_{i,\vdash}^K \tag{7-9}$$

其中，$\|$ 表示拼接函数。

在基于 Bi-Fuse 的图神经网络中，向前节点聚合方式为

$$h_{\mathcal{N}_\dashv(v_i)}^k = \text{AGG}(h_i^{k-1}, \{h_j^{k-1} : \forall v_j \in \mathcal{N}_\dashv(v_i)\}) \tag{7-10}$$

向前聚合向量方式为

$$h_{\mathcal{N}(v_i)}^k = \text{Fuse}(h_{\mathcal{N}_\dashv(v_i)}^k, h_{\mathcal{N}_\vdash(v_i)}^k) \tag{7-11}$$

其中，$\text{Fuse}(\cdot)$ 表示聚合函数，在每个跃点使用聚合向量更新节点嵌入：

$$h_i^k = \sigma(h_i^{k-1}, h_{\mathcal{N}(v_i)}^k) \tag{7-12}$$

其中，h_i^k 表示节点 i 经过 k 层学习得到的最终节点特征。

多关系 GNN 在处理有方向性的齐次图时，可以将方向视为切入点，从而得到两个图的关系，这其中一种就是多关系图。多关系 GNN 可分为三类：第一类引入与种类相关的不同卷积参数；第二类直接引入边的表征向量来表示边的种类；第三类直接利用专门的多关系的图形转换器。

（1）对于每一个连接边的关系种类，可以学习一个特定的卷积核，通过对比传统的 GNN 和 R-GNN 可以发现，R-GNN 相比于传统的 GNN，每一个关系类型都会得到一个节点表征，然后进行加和操作。

（2）关系特定转换，如节点特征转换、注意力权重等。对于每一个连接边的关系种类都会学习自己的卷积核，以下两个公式是传统的 GNN 和 R-GNN 的对比，R-GNN 相比于传统的 GNN 存在 θ，θ 对每一个关系都会存在一个节点表征，然后进行加和：

$$h_i^k = \sigma\left(h_i^{k-1}, \sum_{v_j \in \mathcal{N}(v_i)} \text{AGG}(h_j^{k-1}, \theta_r^k)\right) \tag{7-13}$$

$$h_i^k = \sigma\left(h_i^{k-1}, \sum_{r \in \varepsilon} \sum_{v_j \in \mathcal{N}(v_i)} \text{AGG}(h_j^{k-1}, \theta_r^k)\right) \tag{7-14}$$

（3）直接引入边的表征向量，其核心在做边关系处理的时候将边的表征向量也参考进去，以捕捉不同的边的种类。这里展示两种不同的版本，一种是边的表征向量从头到尾固定不变，另一种是边的表征向量像节点一样不断更新迭代：

$$h_i^k = \sigma\left(h_i^{k-1}, \sum_{v_i \in \mathcal{N}(v_i)} \text{AGG}(h_j^{k-1}, e_{i,j}, \theta^k)\right) \tag{7-15}$$

$$h_i^k = \sigma\left(h_i^{k-1}, \sum_{v_i \in \mathcal{N}(v_i)} \text{AGG}(h_j^{k-1}, e_{i,j}^{k-1}, \theta^k)\right), e_{i,j}^k = f(e_{i,j}^{k-1}, \theta_{\text{rel}}^k) \tag{7-16}$$

在经典的 NLP 任务中，Seq2Seq 结构非常流行，常用于机器翻译、自然语言生成、逻辑形式翻译和信息提取等任务中。然而，这种结构只能处理序列数据，无法有效处理图结构。因此，在将图结构引入 NLP 任务中时，通常会使用两种主流的整体结构：图-序列（graph-to-sequence）和图-树（graph-to-tree）。

1）图-序列

图-序列模型由 Encoder 和 Decoder 组成。其中，Encoder 基于图神经网络结构，将图作为输入，生成图级别的嵌入表示；Decoder 部分可以根据具体的 NLP 任务选择不同的方法。这种结构将图的信息编码成一个固定长度的向量，然后传递给 Decoder 来生成序列输出。

2）图-树

在某些任务中，输入不仅仅包括词的序列，还需要更为详细的图结构或者结构性的文本。例如，在生成程序语言代码的任务中，输入需要表示成树的结构。为了处理这类任务，可以使用图-树模型。这种结构能够将图信息映射到树结构上，使模型能够理解更为复杂和结构化的输入信息。

上述两种结构的引入充分发挥了图神经网络在 NLP 任务中的优势，使模型能够更好地处理具有图结构特点的数据，扩展了 NLP 任务的应用范围。

4. Graph4NLP

Graph4NLP 是一个易于使用的库，专门用于处理图深度学习和自然语言处理交叉问题。它为数据科学家提供了最先进模型的完整实现，同时也为研究人员和开发人员提供了灵活的接口，使他们能够构建具有全面管道支持的定制模型。该库建立在高度优化的运行库之上，具备高运行效率和强大的可扩展性。Graph4NLP 的整体架构如图 7-2 所示，

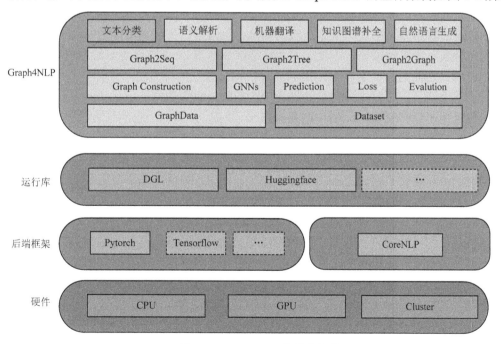

图 7-2　Graph4NLP 的整体架构

其中虚线框代表正在开发的功能。Graph4NLP 由数据层、模块层、模型层和应用层组成。该框架提供了一个完整而灵活的解决方案，可以有效地处理图深度学习和自然语言处理任务。

7.2　基于图学习的兴趣点模型

在图学习领域，特别是在信息挖掘方面，兴趣点模型（interest point model）是一个重要的研究方向。该模型旨在识别和理解信息流中用户的兴趣点，有助于个性化推荐和信息过滤等。基于图学习的兴趣点模型通常使用图神经网络等技术，将用户、内容和交互等信息建模成图，然后利用图神经网络对这些图进行学习和分析，常被用于推荐系统。

在兴趣点模型中，用户通常被表示为图中的节点，而用户的行为、兴趣、社交关系等信息则被建模为图中的边。通过图神经网络，系统可以学习到用户和内容之间的复杂关系，包括用户的兴趣点、用户与用户之间的交互关系等。这种基于图学习的模型可以更好地捕捉信息流中的复杂结构和用户行为，从而提高个性化推荐的准确性和效果。

1. 基于图学习的信息挖掘介绍

在自然语言处理中，有两个核心问题至关重要：首先，需要考虑以何种形式表示文本；其次，基于这种表示，需要选择何种模型进行建模和计算。最早的传统文本表示方法是词袋模型，将文本视为词的集合。然而，在这种表示下，忽略了词语之间的联系和顺序结构。

另一种常用的文本表示方法是基于词向量。在这种表示下，每个单词被视为一个独立的实例，这种方式称为词表示学习或者知识表示学习。假设有一个包含 2 万个单词的字典，传统的表示方法需要一个 2 万维的向量，但无法捕捉词语之间的相似度。相比之下，词向量表示通常使用更低维度（如 200 维或 300 维），并能够更好地包含语义信息，使得相似的词之间的相似度更大。

对于整个句子，通常将词向量处理为一个矩阵，矩阵的每一行代表一个行向量。这种矩阵可以用于计算机视觉领域中的各种方法。目前，预训练的自然语言模型十分流行。例如，Transformer 通过多层叠加能够使每个单词的表示与其上下文相关。这种表示方法能够弥补相同单词在不同句子中语义上的差异，例如"苹果公司"和"苹果水果"，即便是相同的词，其语义也会因上下文而异。同时，BERT 等预训练模型也开创了新的研究方向。

然而，在 NLP 领域，仍然需要思考如何研究出更优越的表达和建模方法。这就不得不考虑将基于图结构的表达与基于图神经网络的建模相结合，这种方法很可能会为该领域带来更大的进步。与此同时，基于图结构和图神经网络的建模方法有望填补以往完全图表示方法的不足。在自然语言处理中，存在许多种类的图结构，例如基于组成关系的解析树、语义结构、知识图谱，基于依赖关系的解析树、语义图等。考虑到自然语言的灵活性、多样性和层次结构，将图结构引入 NLP 领域，将为 NLP 的未来发展指明方向。

现举例说明，如图 7-3 所示，在处理一句话时，如 "The blue cat is chasing the brown mouse."，可以将其拆解为不同语义层次的单元，其中包括 "blue cat" "chasing" "brown mouse"，进一步可以将 "blue cat" 拆解为 "blue" 和 "cat"，以及将 "brown mouse" 拆解为 "brown" 和 "mouse"。这样的拆解能够捕捉到一句话所代表的完整语义，涉及不同层级和组合的语义成分。

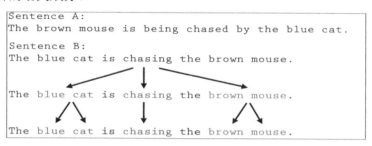

图 7-3　语句例子

另外，通过对比句子 A 和句子 B，即 "The brown mouse is being chased by the blue cat." 和 "The blue cat is chasing the brown mouse."，可以观察到它们之间是主动句和被动句的关系。然而，通过一种方法和方式来表达时，可以发现它们是相同的，只是在顺序结构上稍有差异。这说明图结构能够有效地表达自然语言的灵活组合和层级结构。

当前，大部分 NLP 工作都涵盖了各种任务，包括文本匹配、文本挖掘和文本生成，这些任务已被应用到各个领域中。以下将介绍利用文本匹配、图表示和图像建模在热点事件挖掘、文本聚类、用户兴趣点创建以及基于兴趣点建模提高信息的推荐搜索等方面的应用。

2. 热点事件聚类挖掘和追踪

在如今的信息爆炸时代，人们每天都会接触到来自各种渠道的信息，如微博、新闻媒体、抖音等。然而，在这些海量的信息中，有效地筛选出用户最关心的信息并不是件简单的事情。传统的方法一般是在搜索引擎中输入查询问题，获取一个目录列表或者接收主动推送的信息。然而，这种方式存在明显的问题。首先，通过这种方式得到的目录列表之间缺乏逻辑的结构关联。其次，每篇文章所包含的信息通常过于详细，而且不同文章之间可能存在大量的信息重叠。例如，同一事件可能会被多家媒体和公众号报道，大部分内容大同小异，导致信息的冗余。此外，如果两篇新闻涉及同一话题，但是它们之间的冗余信息较少，那么它们之间的关系就难以判断。下面介绍一个名为 Story Forest（故事森林）的应用系统，该系统专门用于聚类挖掘和追踪信息。

传统的搜索引擎或推荐系统往往无法很好地解决信息冗余和关系判断问题。Story Forest 系统的出现填补了该空白。该系统采用聚类挖掘技术，能够将相似话题或事件的新闻文章聚合在一起形成一个"森林"，每个"森林"代表一个独立的事件。这样的聚类方法可以帮助用户更好地理解一个事件的全貌，而不是在各个单独的文章中寻找信息。在 Story Forest 系统中，相似度分析和关键词提取等技术被广泛应用。系统会分析新闻文章的相似度，将相似度高的文章聚合在一起，形成一个事件的集合。同时，系统还会提取关键词和关键短语，帮助用户快速了解事件的核心内容。这种基于聚类的信息组织方式能够帮助用户更清晰地了解一个事件，有效避免信息冗余，也让用户能够更方便地获取到他们真正关心的内容。Story Forest 系统的出现为用户提供了一个更智能、更高效的信息浏览和获取方式。图 7-4 展示了百度曾提供的一个故事树示例。

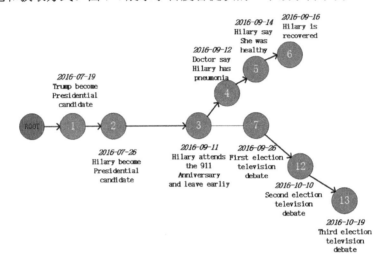

图 7-4　故事树

在图 7-4 中，以 2016 年的美国总统大选为例，展示了一个典型的故事树结构。在这个结构中，每个节点代表一个事件，如节点 1 表示特朗普成为总统候选人、节点 2 表示希拉里成为总统候选人。整个故事树以时间为线索，呈现了事件的发展脉络。同时，在树的不同分支上，可以看到相关事件的详细情节，比如节点 3、4、5 和 6 涉及特朗普"健康门"的谣言，节点 7、12 和 13 则与三次电视大选有关。

这种故事树的结构提供了一种全面了解大事件发展脉络的方式。每个节点集结了关于同一事件的所有报道，降低了信息的冗余性，同时也有助于用户深入跟踪特定分支的事件动态。故事树根据事件的时间演进和事件之间的紧密联系，形成了一个清晰的信息架构，帮助用户更系统地理解事件的背景、相关人物以及具体的发展过程。这种结构化的信息呈现方式助力用户更快速、准确地获取所需信息，为他们提供了一种高效的信息组织和浏览方式。

Story Forest 系统整体架构的数据预处理模块，包括文本聚类、文本过滤、词语切割和关键词提取等步骤，其中关键的步骤是对文章进行事件级别的聚类。以前聚类任务主要集中在根据话题进行聚类，对于事件力度级别的聚类工作相对较少。因此，需要探索一种方法来实现该目标，确保每个聚类中的所有文章都围绕同一个事件的核心点展开。

要实现 Story Forest 的结构构建，首先需要根据关键词的贡献建立一个关键词图，其中每个节点代表一个关键词，节点之间的边表示节点的相关性。对该关键词图进行操作，将大图分割成多个紧密点组成的小组，其中每个紧密点代表一个高级别的主题。其次，把所有文章根据它们与关键词的相似度分配到不同的类别中，从而实现对文章的粗粒度聚类。然后，可以复用类似的算法，将每篇文章视为一个节点，判断两篇文章之间是否存在描述同一事件的关系。当形成一组相关联的文章时，可以建立一个事件，并对事件进行细分处理，从而对其进行细粒度的聚类。每个事件的社区可以看作是一个关于同一事件的节点。随后，基于一些算法来判断不同事件之间的边关系，从而形成 Story Forest 的结构。

最终的结果是可以建立一个实时系统。通过该系统能够对新到来的不同事件进行实时检测，以确定是否存在新的热点新闻。一旦确认存在热点新闻，系统将对其进行聚类，并将其插入已有的故事树中，或者生成一个新的故事树。

在分析两篇新闻时，需确定两者是否涉及同一事件以及是否是一个文本匹配的问题。文本匹配涵盖了多个不同的任务，例如，在日常生活中输入一个短文本进行搜索，或者通过输入一个长文本获取一个简短标签。目前，关于长文本匹配的研究相对较少。在文本匹配领域，有两种经典方法。第一种是基于表示学习的方法，其核心是设计一个编码器，通过该编码器对输入的两个文本进行编码，然后计算二者之间的隐藏层表示相似度，或者在神经网络体系中计算匹配度。第二种方法是基于交互的表示方法，它可以用来计算任意两个单词之间的相似度。为了计算单词 i 和单词 j 的相似度，可以构建一个相似度矩阵。在该矩阵中，第 i 行第 j 列的值表示句子 1 中的第 i 个单词和句子 2 中的第 j 个单词的相似度。通过构建此类型相似度矩阵，最终可以得到一个基于相似度的图。

然而，这两种方法对于长文本匹配的应用并不理想。长文本的匹配问题常常呈现出一定的复杂性。首先，长文本往往蕴含着丰富的语义信息，理解其中的语义无疑是一大挑战。其次，即便打乱了长文本的顺序，整体的语义可能并无太大变化，但编码的结果却可能有显著的变动。为了解决这些问题，可以考虑采用一种"分而治之"的策略。具体来说，可以将长文本按照其讨论的主题内容分解成多个子文本。接着，需要对这些子文本的内容进行对齐。最后，可以采用分布式匹配的方式，在多个不同的点上对子文本进行匹配，并把各个子文本的比较结果进行聚合，从而得出最终的综合结果。通过这种方法，可以有效地解决长文本匹配中的编码困难、顺序灵活性不够以及时间复杂度高等问题。

下面以图 7-5 所示的包含 6 句话的文章为例进行说明。首先，从文章中提取关键词，构建一个概念交互图，以便对文章进行分解。其次，对这些关键词进行聚类，通过借鉴社区事件方法，将关键词组成一个图并进行分割。当然，也可以使用其他聚类算法对关键词进行分组。最后，将每个句子分配给不同的关键词群，根据它们之间的相似度计算每组句子与其他组句子的相似度，并根据这些相似度建立带权重的边。

当涉及两篇文章时，处理方式也大致相同。每个节点代表一些关键词，这些关键词代表的句子可以来自两部分，即文章 A 和文章 B。首先对这些关键词进行概念交互图的构建，最终得到一个完整的概念交互图。然后，进行局部匹配，对每个节点上来自于文章 A 和文章 B 的句子进行匹配。在这一步骤中，可以借鉴之前用于短文本匹配的算法。通过这些匹配，得到一个图，其中每个节点上都有一个局部匹配结果的向量。接下来，利用图运算网络对每个局部匹配结果进行消息传递和聚合，通过多层处理得到一个全局匹配结果。基于这个全局匹配结果的向量，可以进行分类处理，从而得到文本对关系的分类结构。

[1] Rick asks Morty to travel with him in the universe.
[2] Morty doesn't want to go as Rick always brings him dangerous experiences.
[3] However, the destination of this journey is the Candy Planet, which is a fascinating place that attracts Morty.
[4] The planet is full of delicious candies.
[5] Summer wishes to travel with Rick.
[6] However, Rick doesn't like to travel with Summer.

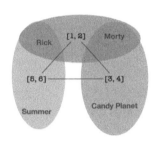

步骤1：提取关键词
步骤2：分组关键词
步骤3：分配句子
步骤4：建立带权重的边

图 7-5　关键字示例

在这种情况下，可以采用图卷积神经网络，该网络是基于消息传递机制的一种图神经网络。实际上，有很多种图神经网络都可以归纳为这种机制，即对于每个邻居节点，计算其与当前中心节点之间的消息。该消息是基于消息函数、节点嵌入和边关系的计算得到的，并用于更新节点的表征。在更新过程完成后，可以得到整个图的输出。对于图卷积神经网络而言，这里的消息是通过权重矩阵得到的，并通过求和操作对邻居节点进行聚类。

3. GIANT 系统

当用户在事件引擎中查询"Theresa May's resignation speech"时，用户的意图是通过搜索来了解脱欧相关的事情。然而，搜索引擎可能会推荐其他涉及 Theresa May 的文章，这并不符合用户的兴趣，因为用户可能已经阅读了一两篇关于 Theresa May 辞职的报道，不想阅读更多相同的内容。相比之下，如果搜索引擎能够推荐与英国脱欧相关的事件，用户可能会更感兴趣。但是，要实现这样的效果，需要满足两个功能：识别英国脱欧作为一个适当程度的用户信息点；了解辞职演讲和英国脱欧之间的相互关系。因此，可以做出两个假设：第一类用户对发生在特定时间和空间的热点事件感兴趣；第二类用户对事物的概念感兴趣，即特定事件两者的概念之间可能存在关联。

例如，在 SIGMOD2020 的"Creation of a Web-scale Ontology"文章中，建立了一个本体，利用了大量用户和相应的点击文章，抽取各种不同的用户信息点，包括不同的话题短语、事件短语、概念短语、实体以及包括一些人工定义的面板的目录等。

图 7-6 给出了 GIANT 系统的整体架构。其中，黑色节点为人工定义的目录，如科技、时事、手机等上层的顶点。灰色节点主要是挖掘的概念、事件话题等短语，如辞职演讲、欧盟公布脱欧协议等。

在该框架中，当用户在应用某个 App 时，可能会收集或者点击各种文章或输入各类文本。在该过程中，左边灰色的矩阵代表查询，右边白色的矩阵代表文件。两者之间的箭头表示大多数用户在搜索查询时点击的文件。系统通常会收集点击率最高的前 N 个文档，形成一个二分图，然后对其进行聚类，从中抽取出有意义的高相关节点。这些节点与已有的知识图谱建立从属关系，从而实现精准推荐。

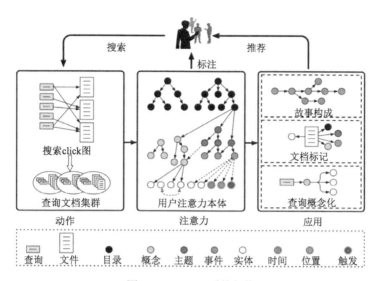

图 7-6 GIANT 系统架构

核心挑战在于系统如何从查询、文档和类别中提取不同的信息点短语。例如，在用户发起 "What are the Hayao Miyazaki's animated films（宫崎骏的动画电影有哪些）" 的查询后，系统需要识别出与宫崎骏的动画电影相关的信息点短语。为了解决该问题，系统采用了以下策略。

系统先将信息点短语的抽取问题转化为图结构的建模问题。在图 7-7 所示的语法表达图中，每个查询、文档和题目都被视为图，其中每个节点代表一个词，这些词可以出现在查询或题目中。为了捕捉语义关系，系统引入虚拟节点，并建立节点之间的序列边和语法依赖边。句子中相邻的词可以形成序列边，而存在语法依赖的词之间就会形成语法依赖边。此外，系统还考虑了命名实体识别和词性标签，将它们作为节点的类型特征，加入图结构中。

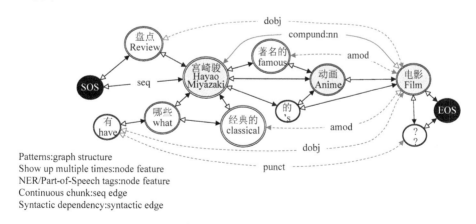

图 7-7 语法表达图

通过这种方式，系统将文本模式转换为图的模式。通过节点出现次数的特征、节点类型的特征和边关系的特征，系统能够更好地描述相邻区域之间的关系。这种图结构的建模方法在长文本匹配方面具有较强的适用性，克服了长文本难以编码、顺序灵活性不够、时间复杂度高等问题。

在短语的抽取过程中，需要解决两个关键任务。第一个任务是系统需要确定属于该短语的节点。由于图中存在不同类型的边，为了有效处理这一问题，采用了关系图卷积网络（relational GCN），其特征传播公式为

$$h_v^{l+1} = \sigma\left(\sum_{r \in R}\sum_{w \in N^r(v)}\frac{1}{c_{vw}}W_r^l h_w^l + W_0^l h_v^l\right) \tag{7-17}$$

$$h_v^{l+1} = \sigma\left(\frac{1}{|\mathcal{N}(v)|}\sum_{w \in N(v)}W^l h_w^l + b\right) \tag{7-18}$$

其中，σ 表示非线性变换函数。

式（7-17）是基于关系的图卷积网络特征传播公式，式（7-18）是图卷积网络特征传播公式。这种方法实质上是对图卷积网络的一种泛化，能够适应多种关系类型，为节点分类提供了强大的能力。

第二个任务涉及对这些节点进行排列，以构建最终的短语。这个问题可以被视为一个非对称旅行商问题。系统需要从 SOS 节点（起始节点）出发，经过所有被分类为短语节点的地点，最终到达 EOS 节点（结束节点）。在该过程中，系统必须找到一条路径，使得起始节点到结束节点的距离最短。这种排列方式确保了最终形成的短语具有连贯性和语义一致性。

在这个过程中，关系图卷积神经网络的主要特点在于针对每一种不同类型的关系 R，系统都有一套参数用来建模消息传递。这种设计使得系统能够更好地捕捉不同类型关系的特征，从而提取出多样化且语义准确的短语。

7.3　基于图神经网络的知识图谱表示

1. 图学习融合知识

社交网络就是一个巨大的知识图谱，人和人都是实体的一部分，在人与人之间又存在着相互关联的关系，在知识图谱中大多用三元组进行表示，如头实体、尾实体和关系。知识图谱可以定义成一个异构图，其中：V 代表实体集合，在图中表示节点；R 表示关系集合，在图中表示边类型；E 表示一条知识图谱链接，在图中表示边。在知识图谱中不仅要关注两个节点是否有联系，更要关注两个节点间的关系是什么。目前有大量开源工作聚集在图表示学习领域，如 DGL、PyTorch、Graph-learn 等，那么图学习算法如何融合知识图谱的信息呢？

首先介绍算法 GraphSage。GraphSage 是一种经典的消息传递机制算法，用于图结构数据的学习和推理。在构建图结构时，邻居节点数量较多，会导致计算复杂度的问题。因此，GraphSage 采用邻居节点采样的策略，并进行一次聚合操作，最终可用于链接预测或节点分类等任务。然而，GraphSage 在语义表达方面存在一些问题。当邻居节点数量过少时，GraphSage 无法充分利用节点之间的知识来进行表达。因此，在面临语义信

息不足的情况下，是否可以进行一些扩展来解决该问题呢？

其次介绍语义算法框架 ERNIESage 模型。可以将 ERNIESage 模型理解成一种预训练模型，模型中的 Sage 代表图的采样和聚合，把语义的模型与图模型融合在一起，组成一个图语义框架，而框架本身还是在图学习之中。

下面探讨 ERNIESage 如何进行表示。如果要表达一个节点的语义，最直接的方式是在节点初始化时使用预训练模型来表示它。通过 ERNIESage 节点的方法，节点在训练过程中不再仅是一个初始化的嵌入，因此能更好地体现其语义信息。然而，在节点表示的过程中，节点与节点之间往往存在连接关系，而使用 ERNIESage 节点的建模方式并不能有效地将这些节点连接起来。因此，ERNIESage 模型中采用了一种边的建模方式，即在文本融合的过程中结合邻居节点与中心节点，并将其作为输入传递给预训练模型，以得出节点的语义表示。相比仅考虑节点表示的 ERNIESage 模型，这种边的建模方式更能直观地体现图的连接信息，因为它将图的连接关系纳入其中。然而，仅关注节点与节点之间的连接关系还不够，训练过程中还需要考虑节点与多个节点之间的关系。随着邻居节点数量的增加，节点之间的交互可能变得更加复杂，一对一的连接方式可能无法满足模型的需求。因此，ERNIESage 模型在图表达过程中引入了"ERNIESage 一阶邻居"的概念，以包含更多的信息，如子图信息等，从而提升表达效果。

以上方法主要是将预训练的语义知识添加到图模型中，那么如何将知识图谱添加到图模型中呢？知识图谱对先验知识的要求较高，如人物关系需要有固定的范式，在推理和语义解析等过程中，如果能引入先验知识，可以增强图的可解释性。然而，在训练过程中，图常常并非十分稠密，许多文本节点并无邻居，这可能导致训练过程中的语义表达较浅，会影响预测效果。因此，在文本解析过程中，可以添加实体识别，并在知识图谱召回时拼接已有的连接关系，这是一种在图模型中显式添加知识图谱的方法。同时，也可以采用隐式添加知识图谱的方法。

如图 7-8 所示，假设存在一个 Query（查询）："冬奥会在北京举办"。在这个查询中，存在两个实体：冬奥会和北京。在实体识别的过程中，可以识别出冬奥会和北京这两个实体，然后在知识图谱中提取冬奥会和北京的语义表达进行结合。而后将 Token Embedding（标记嵌入）与 Entity Embedding（实体嵌入）进行拼接，以此将知识引入，让语义表达更加充分。

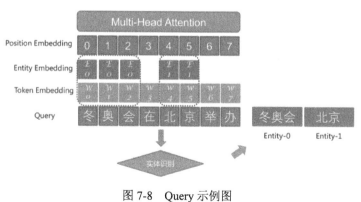

图 7-8 Query 示例图

2. 知识图谱融合图结构

在知识图谱的训练过程中，如果没有同时考虑所有与头实体相关的关系，可能会导致结构化表示不足的问题。为了提升效果，可以引入图学习算法，如消息聚合算法。传统的知识图谱算法往往具有强大的结构化表达能力，它们通过向量化表示，可以涵盖知识，而不必完全依赖图算法。然而，将这两种算法结合起来，无疑可以进一步提升表达能力。

在知识图谱关系型学习算法中，节点之间存在不同的关系，需要进行消息聚合。一种常见的做法是使用编码器将节点与关系结合，得到图结构信息，然后使用传统的模型（如 TransE 或 TransR）进行解码。这种方法将图结构信息与先验知识相结合，更好地表示了知识。

此外，还存在一种称为关系图卷积网络（relational graph convolutional network，RGCN）的算法，它是一种关于关系的图卷积网络模型。与普通的 GCN 不同，RGCN 会为边赋予不同的权重，这样就可以在具有权重的边上进行信息传递。然而，RGCN 算法中的一个严重问题是，在训练过程中可能涉及成千上万甚至数百万个关系。

如果给每个关系定义一个参数，数据量将变得非常庞大，难以处理。为了解决该问题，提出了 CompGCN 算法，它将关系作为嵌入的表达，大大减少了参数数量。然而，在面对大图训练时，CompGCN 仍然面临训练速度较慢的问题，特别是在处理数十亿个节点的情况下，训练过程非常缓慢。

GCN 的特征传递公式为

$$h_i^{(l+1)} = \sigma\left(\sum_{m\in M_i} g_m(h_i^{(l)}, h_j^{(l)})\right) \tag{7-19}$$

RGCN 的特征传递公式为

$$h_i^{(l+1)} = \sigma\left(\sum_{r\in R}\sum_{j\in \mathcal{N}_i^r} W_r^{(l)} h_j^{(l)} + W_0^{(l)} h_i^{(l)}\right) \tag{7-20}$$

REP 算法是一类关系型学习算法。该算法为无监督学习算法，基于关系后验的 Embedding 消息传递方式，在 Decoder 的基础上对图进行全局消息传递。

$$e_i^k = \sigma e_i^{k-1} + (1-\alpha)\mathbb{E}_{j\in \mathcal{N}_i} C(e_j^{k-1}, r_j) \tag{7-21}$$

其中，$\mathbb{E}_{j\in \mathcal{N}_i}$ 表示节点 i 的邻居集合。

前面已经探讨了算法层面对于超大知识图谱的训练问题，但还存在一个关键问题，即超大知识图谱的存储问题。当存在数十亿级别的实体或数千亿级别的实体时，如果每个节点都用嵌入的方式进行表达，在存储过程中，对于 GPU 和 CPU 来说，这将是一个难以解决的挑战。因此，为了解决超大知识图谱的存储计算问题，通常采用多机 CPU 异构存储的方法来缓解 CPU 的压力，并将复杂度较高或计算量较大的问题放在 GPU 端处理。这种异构方式可以有效缓解存储计算的压力。

3. 基于图神经网络的知识图谱表示案例

图学习算法与知识图谱的结合在实际应用中变得越来越广泛[4-6]。下面介绍两个具体案例。

1）百度公司的查询推荐案例

在新闻推荐过程中，当用户阅读新闻标题后，系统可能会推荐一些相关的查询。例如，用户在阅读关于"波音 737"的新闻后，可能会对"波音 737 多少钱"或"波音 737 的特点"等相关查询产生兴趣。在这种场景下，系统首先进行训练召回，利用知识库将新闻标题与相关查询之间的关联性进行扩展，进而生成一个全连接图。接着，通过 ERNIESage 的一阶邻居训练方法，得到新闻标题和查询的向量表示，然后将其放入索引库中进行 TopN 的召回，即从索引库中找出与当前新闻标题最相关的 N 个查询。这种方法有效地提高了推荐的效果。

2）摩天轮主题新闻案例

假设一篇新闻的主题涉及摩天轮，使用 GraphSage 算法可能会召回与之相关的内容，如云霄飞车。然而，GraphSage 在语义表达方面可能不足。例如，在用户查询"欢乐谷"时，GraphSage 可能无法提供相关的信息。通过使用 ERNIESage 的方法，可以增强语义表达，从而使整体语义更为丰富。然而，ERNIESage 也存在一些局限性，例如它过于依赖单个 Token 的表达，这在结构较弱或邻居信息较少的情况下可能导致召回偏离原有特性。为了解决这个问题，考虑将知识图谱的扩展方法，也就是 ERNIESage+KG，结合进来，这可以显著提升语义表达和知识图谱的效果。

上述两个案例展示了图学习算法与知识图谱相结合的实际应用场景，通过这种方式，系统能够更好地理解用户的需求，为用户提供更精准的推荐和搜索服务。

参 考 文 献

[1] NATHANI D, CHAUHAN J, SHARMA C, et al. Learning attention-based embeddings for relation prediction in knowledge graphs[J]. arXiv Preprint arXiv:1906.01195, 2019.

[2] LIU X, LUO Z, HUANG H. Jointly multiple events extraction via attention-based graph information aggregation[J]. arXiv Preprint arXiv:1809.09078, 2018.

[3] MARCHEGGIANI D, TITOV I. Encoding sentences with graph convolutional networks for semantic role labeling[J]. arXiv Preprint arXiv:1703.04826, 2017.

[4] NATHANI D, CHAUHAN J, SHARMA C, et al. Learning attention-based embeddings for relation prediction in knowledge graphs[J]. arXiv Preprint arXiv:1906.01195, 2019.

[5] ZHANG Y, CHEN X, YANG Y, et al. Efficient probabilistic logic reasoning with graph neural networks[J]. arXiv Preprint arXiv:2001.11850, 2020.

[6] SCHLICHTKRULL M, KIPF T N, BLOEM P, et al. Modeling relational data with graph convolutional networks[C]//The Fifteenth European Semantic Web Conference. Crete: Springer, 2018: 593-607.

第8章 推荐与图神经网络

图神经网络是一种用于处理图数据的深度学习模型，近年来在各个领域都取得了显著的成果。在推荐系统中，GNN 也被广泛应用。传统的推荐算法主要基于用户行为数据或物品属性数据进行推荐，而 GNN 能够更好地利用用户和物品之间的关系，从而提高推荐效果。本章聚焦于推荐系统和图神经网络的应用，包括推荐算法设计与应用以及 Angle 图神经网络在推荐场景下的实践。

8.1 应用与挑战

对于推荐系统，通常将现有产品按照阶段、场景、目标和应用四大类别进行划分[1]。由于推荐系统中的大部分信息都具有图结构的特点，图神经网络技术因其在图表示学习方面的优势，在推荐系统中获得了广泛的运用[2]。

1. 短视频推荐背景

短视频推荐的业务场景涵盖了各式各样的角色，包括观众、视频创作者、直播博主、广告主和电商入驻商家等。这些角色所涉及的内容类型多种多样，包括用户生成内容（user-generated content，UGC）、专业生成内容（professionally-generated content，PGC）、直播内容、广告以及商品等。观众与这些内容之间的互动行为也多样化，包括观看、互动、转化等。这些多样的互动行为在短视频场景中，呈现出了集中性（主要行为集中在热门或运营活动的视频上）和动态性（由于平台上新视频和新用户的快速增加，使得整个系统持续动态变化）的特征。这些特性同时也带来了许多业务挑战，如噪声大、用户兴趣多样以及新内容的冷启动问题等，这也使得针对特定问题设计合适的图神经网络方法具有一定的挑战性[3]。

短视频推荐的过程与通常的推荐场景相似，一般分为召回、粗排、精排和重排等阶段。召回作为流程的第一个环节，需要在海量内容中快速筛选出用户可能感兴趣的内容。因此，召回算法需要具备高效性（快速筛选海量内容）、准确性（筛选出与用户兴趣相关的内容）、全面性（覆盖用户多样的兴趣）以及个性化（考虑用户和内容的特点）等特性。

召回算法的发展可以从多个角度进行探讨。从信息视角看，早期的召回算法主要依赖于待召回物品的属性特征，如视频作者信息和标签。随着图像和语音等技术的发展，我们现在可以提取视频本身的内容信息，如标题、关键帧和语音内容。同时，引入用户行为数据也有助于提升召回效果。从计算视角看，如果只有基本的属性特征，我们可以利用匹配算法，如寻找相同作者或相同标签下的其他视频。如果有内容相关的行为数据，可以使用条件随机场（conditional random field，CRF）的共现统计方法来获取待召回内容。目前，最常见的方法是将基本属性特征和基本行为信息转化为向量表示[4-5]，然后利用向量相似度计算工具快速获取待推荐召回的结果。目前常用的召回方式包括物品到物品（item-to-item，I2I）、用户到物品（user-to-item，U2I）、用户到用户到物品（user-to-user-to-item，U2U2I）等。

在快手产品中，最初选择从 I2I 召回开始有三个原因。首先，I2I 召回方式在多家公司和不同场景下经过多次验证，已被证明是一种简单而有效的召回方式。其次，I2I 召回在在线和离线场景下可以进行解耦，降低了上线成本。最后，在产品优化过程中，发现 I2I 召回的优化空间相对较大。

I2I 召回为什么需要使用图结构呢？从传统的视角来看，一个用户找到其感兴趣的视频可以被视为一个直接的一阶关系。传统的模型主要拟合了这种单一的兴趣关系。然而，如果将用户和视频展开，将它们构建成一个图的形式，就可以发现用户与用户之间、视频与视频之间，以及用户与视频之间存在各种不同的复杂关联。

为何要考虑如此众多的关联关系，以及这些关联关系是如何带来效益的呢？又为何仅考虑传统角度的一阶关系可能存在问题呢？其原因在于，从短期来看，传统视角下的用户和视频数量极其庞大，然而在整个用户–视频（user-item，UI）矩阵中，实际存在的一阶关系只占据了微小的一部分，即 UI 矩阵异常稀疏。在这样的稀疏数据下，要实现准确的拟合变得极为困难。从长期来看，推荐系统存在所谓的选择性曝光偏差问题，这会使得大部分用户行为集中于少数热门视频，造成了所谓的"马太效应"。这种效应的长期累积，会对整个推荐生态的健康发展造成影响。

而从图的视角来分析，它所考虑的是高阶非线性的关系。一方面，用户可能与更多的视频产生关联，从而为整个模型提供更多正样本；另一方面，用户与用户之间、视频与视频之间可能有一些相似的要求，这为模型提供了更多的正则项，提高了模型的泛化能力。进一步地，这种多样性可以激活用户更多的潜在兴趣，增强了推荐系统的多样性。

2. 基于图的 I2I 召回流程

快手基于图的 I2I 召回通道主要搭建在 IDP、KML、DGL 和 FAISS 等平台之上。具体来说，IDP 是快手的集中开发平台，主要用于处理数据以及调度离散数据的相关任务；KML 是一站式的机器学习平台，负责模型的训练、预测以及管理；而 DGL 和 FAISS 则是工业领域中相当优秀的图算法框架和工具。基于这些工具和平台，快手进行了特定的封装和优化，构建了完整的基于图的 I2I 召回流程（pipeline）。

该通道的流程包括以下步骤：首先是原始数据的处理、项目对的生成以及训练数据的生成；接着是图算法中的图构建、负样本和邻居的采样，然后进行训练预测，最终得到嵌入和 I2I 关系；最后用户接触到推荐内容并进行展示后，获取反馈行为。整个通道流程会进行多次迭代循环。

在工业界和公司内部存在众多的框架选择，我们需要权衡各种因素来确定使用哪种框架。调研发现，虽然使用公司内部定制的项目框架有利于产品上线，但在算法的优化迭代方面可能需要更多资源。反观其他开源框架，尽管它们在算法优化方面更具便利性，但可能并不利于整个上线流程。因此，快手决定采用一种通道策略来平衡这些考虑，进而进行整个产品的上线过程。这套通道流程具有以下特性：灵活又易用，便于快速进行实验和调优；支持节点的更新和逐出；良好地支持了异构图（多节点多边）；能应用多种邻居和负样本采样方式；具备高效的执行效率和深度优化能力。

3. 实际场景优化

短视频推荐在实际场景中的优化的主要痛点包括数据噪声过大、目标众多、冷启动等问题。

对于噪声过大的问题，构建 I2I 召回需要一个可训练的图。这个图可以通过传统的相似度计算方法生成 I2I，或者使用原始的短期用户–项目共现数据作为训练输入。然而，这些方法可能存在高成本、误差传播等问题。另外，由于选择偏差，图训练过程中的特征传播可能得到放大。那么，要如何在基于这些原始数据或传统方法的基础上，进一步降低数据噪声，同时得到更鲁棒的图节点嵌入表示呢？我们的答案是：优化相似度度量、学习图结构和边的权重。

在面对目标多样性问题时，由于不同目标难以同时优化且优化难度各异，又该如何将图嵌入并与不同的目标相结合？给出的解决方案是采用多重非对称迁移学习。

对于冷启动问题，又该如何快速学习新节点的嵌入呢？给出的解决方案是采用归纳性学习和节点分组。

就短视频推荐的三个主要痛点而言，本节将详细介绍如何对短视频进行去噪。第一种优化方式是对基于其他方式生成的初始 I2I 图进行优化，如可以基于邻居系数进行节点相似度度量优化。在生成初始 I2I 图的一些常见方法中，可以使用 Jaccard 相似度来考虑两个节点之间的共同邻居和所有邻居的关系，或者使用 Adar 相似度来对共同邻居中的邻居热度进行加权。Jaccard 和 Adar 的公式如下：

$$\text{Jaccard}: S_{xy} = \frac{N(x) \cap N(y)}{N(x) \cup N(y)} \tag{8-1}$$

$$\text{Adar}: S_{xy} = \sum_{z \in N(x) \cap N(y)} \frac{1}{\log(k(z))} \tag{8-2}$$

在 Adar 相似度中，不同邻居节点之间的作用并不仅仅体现在它们在邻居节点中的热度。例如，考虑节点 x 到节点 y 之间存在多条流水管道。为了从节点 x 到达节点 y，流水必须经过节点 z。整个从节点 x 到节点 y 的流水速度由两部分管道的直径决定：一部分是从节点 x 到节点 z 的管道直径，另一部分是从节点 z 到节点 y 的管道直径。流速将受到这两部分中较小直径的限制。因此，在基于 Adar 相似度的基础上，对分子项进行了加权处理。加权考虑了从节点 x 到节点 z，以及从节点 y 到节点 z 这两条管道的直径或者在该场景中的相似度表示。分子项的权重由较小值来确定，加权 Adar 相似度的计算公式如下：

$$\text{Weighted Adar}: S_{xy} = \sum_{z \in N(x) \cap N(y)} \frac{\min(f(x,z), f(y,z))}{\log(k(z))} \tag{8-3}$$

该相似度可以通过一些简单的共同曝光、共同点击、观看间隔的统计量去表示，通过简单的优化，在离线的 Hit_rate 中能观察到一个比较明显的提升，如表 8-1 所示。

表 8-1　不同方法相似度下的 Hit_rate

方法	Hit_rate@100
Jaccard	0.2143
Adar	0.2077
Weighted Adar	0.2206

第二种优化方式是基于原始数据进行操作，即净化原始数据，采用的方案是图结构学习。该算法框架包括两部分：基于重采样的数据去噪模块和基于用户个性化行为的嵌入学习模块。

在基于重采样的数据去噪模块中，训练了一个置信度网络，该网络的目标是描绘出用户与平台视频之间的互动关系。置信度网络的作用在于确定哪些视频真实地得到了用户的观看，以及用户对于这些观看行为的信任程度。这些确定性的依据来自于用户的长期稳定行为，从而有效地过滤掉了短期的或者受到其他因素干扰的行为。在构建置信度网络的过程中，借助了用户以及其观看视频集的信息。通过这个网络，能够得到一个经过净化的视频集合表征，其中仅包含了用户真实感兴趣的视频。

基于用户个性化行为的嵌入学习模块则使用了净化后的视频集合和 I2I 图关系进行嵌入学习。首先，利用 I2I 的嵌入对净化后的视频集合进行池化表示。然后将该表示进行编码，希望能够重构出用户净化后的视频集合的表示。通过此方式，可以更好地捕捉用户个性化的兴趣，有效减少噪声的影响。

第三种优化方式是基于端到端的边权重学习，旨在更快地进入线上流程。该方法通过区分图中的真假边来提高效率。对于当前节点的所有邻居，边的权重表示置信度。通过高置信度的边，更有可能采集到真实的边，从而在真实的边基础上进行嵌入训练，得到更准确的嵌入表示。反之，如果有更准确的嵌入表示，就有助于识别出原始图中的真实边和虚假边。这种方法将图的训练过程与邻居采样过程相结合，通过左右两部分的循环迭代，提高了模型的准确性和鲁棒性，同时缩短了上线时间。

目前，研究方案仍在不断探索和优化中。待解决的问题包括：①哪种权重初始化方式更好；②权重的收敛性问题；③无监督损失问题；④采样策略的选择。上述介绍的方法在快手产品的线上使用中已经取得了一些应用和优化的成果。从场景角度考虑，基于图的召回在精确性方面可能不如纯目标导向的召回，但在多样性上却具有明显的优势。引入高阶邻居是一把双刃剑，风险在于可能同时引入高阶邻居的噪声，而目前的主要工作则是探索如何进行去噪。然而，引入高阶邻居也能提高泛化性，预测图的演化，这与我们的召回目标是一致的。

8.2　推荐算法设计与应用

本节从三个方面介绍社交推荐算法的设计与应用，分别为图表征算法技术演进、GNN 算法在社交推荐中的应用以及 GNN 实时训练和在线推理[6]。

1. 图表征算法技术演进

微信生态系统内的主要数据是社交网络数据,可以被看作为一个图结构。此外,用户的行为数据也可以被表示为行为图谱。在微信中,大部分数据和机器学习任务可以被转化为图上的问题。例如,在用户画像和节点兴趣标签预测中,可以视为图上的节点分类问题。对于推荐问题,它等同于图的边预测,即链路预测问题。在实际应用中,除了尝试传统的梯度学习网络外,更多的是基于微信社交环境,尝试使用图算法来解决这些应用问题。

在图建模方面,如何表达非结构化数据的特征是一个关键问题。在 2015 年之前,主要采用人工提取特征的方法。这包括了理解图的物理结构,例如计算节点的中心性算法(如度、k-core、closeness 等网络科学指标)来衡量节点的社交拓扑特征。对于边的特征,可以计算公共邻居和好友亲密度,也可以使用社团划分算法来描述群体的特征。例如,好友推荐和企业微信的好友推荐就可以使用公共邻居的传统算法来实现。这些算法的优点是逻辑简单、解释性强,但缺点在于需要人工定义,费时费力,并且提取的信息相对有限。

从 2015 年开始,无监督的网络嵌入技术算法不断涌现,如 Deepwalk、LINE、Node2vec等。这些算法设计了结构性的损失函数,通过学习将图的结构嵌入低维空间中,使得嵌入空间可以表达拓扑上的相似性。这些算法将图的拓扑特征进行抽取,然后在下游任务中,将拓扑结构的特征和节点属性的特征进行两阶段的建模。然而,这种方法存在一个问题,就是提取的特征可能与下游任务之间存在鸿沟,即提取的特征在下游任务的预测能力方面可能表现不佳。同时,微信的数据非常丰富,现有的网络嵌入方法重点在于抽取拓扑的特征和节点属性的特征,但在很多任务中,节点属性特征显得十分重要。因此,从 2018 年开始,图表征技术升级到了 GNN。GNN 能够更好地融合拓扑结构特征和节点属性特征,提高了模型的性能。

网络嵌入和 GNN 在应用中存在主要差别。网络嵌入更多地采用两阶段的模型。首先,它使用无监督的表达学习方法抽取拓扑节点特征,然后将这些特征与节点的兴趣属性特征拼接在一起,最后应用于下游任务的模型构建中。这个模型可以是 GNN 模型,也可以是其他树模型。相比之下,GNN 是一个端对端的模型,它直接通过节点属性和拓扑网络结构在模型中进行融合,然后用下游任务学习这个融合后的拓扑结构特征。传统社交推荐系统中的数据可以表示为用户-用户社交图(user-user social graph)和用户-项目图(user-item graph),研究者通过研究用户的高阶社交网络[7]、用户序列与动态协作信号的融合[8]、多行为会话[9]等提出了一些新的模型以改进 GNN 的推荐效果。

GNN 模型是一个框架,也是端对端的学习模型。GNN 模型应用的具体步骤如下。

(1)构图操作:根据具体的场景和业务需求设计图的结构。在构图时,可以使用业务规则去除一些噪声或不必要的边。

(2)聚合操作:将邻居节点的特征聚合到中心节点上。不同的聚合方式会形成不同的 GNN 算法。例如,GAT(graph attention network)使用注意力机制学习邻居节点的权重,使得在聚合时更重要的邻居特征被赋予更高的权重。

（3）非线性或线性变换与自身节点属性融合：将邻居节点的聚合特征与中心节点的属性特征进行融合。这一步非常关键，不同的融合方式会影响模型的性能。GNN 模型可以使用各种不同的聚合算子，如 mean、max、sum 等，也可以使用 LSTM 等聚合函数。

（4）用下游任务进行预测：根据实际的业务需求设计相应的损失函数，将融合后的特征应用于下游任务的预测中。

2. GNN 算法在社交推荐中的应用

1）社交广告定向系统中的 GNN

广告定向系统是一个典型的图上节点分类问题。在该问题中，广告被投放给一批种子用户，然后系统需要在微信用户的朋友圈里找到与种子用户相似的用户进行广告投放。每个用户可以被视为图上的一个节点，而节点之间的相似性和关系构成了图的边。

不同于其他平台的广告定向，朋友圈广告具有独特的特点，即朋友圈是一个社交的环境。当用户浏览朋友圈时，他们可能会受到朋友对广告的点赞和评论的影响，增加了用户点击广告的可能性。后台数据也证实了这种现象的存在。因此，在朋友圈广告的定向问题中，可以将用户和用户之间的社交关系建模成一个社交网络图，如图 8-1 所示。

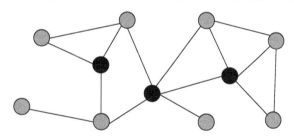

图 8-1　社交网络图

在图 8-1 中，黑色点代表广告主投放广告的目标种子用户，选择对其好友进行广告投放。在 2018 年之前，广泛采用的方法是先使用网络嵌入技术，提取出网络拓扑结构，并结合用户节点的兴趣偏好，以此建立分类模型并在线上应用。如果已经准备好了 GNN 的工程框架，那么可以直接使用 GNN 模型去建模。

第一版上线的是 GAT 模型。GAT 模型的一个聚合函数使用了注意力机制。首先进行构图操作，从种子用户的好友中拉出他的一个关系链形成建模的底图，这里会进行一些采样的操作，比如广告组会有基础的进项要求即年龄在 25 岁到 45 岁之间，那就会把这样的用户专门进行抽取以此来达到减少计算量的目的，相当于排除非目标用户带来的噪声影响。通过关系链的亲密度最多保留 200 个邻居，构成整个 GNN 建模的底图。再使用注意力机制，即使用 GAT 思想去计算与好友中心节点更近的好友的权重。聚合步骤就是把邻居的特征跟自身的特征直接进行拼接操作，之后将种子用户作为一个正样本进行半监督的建模。GNN 操作可以发现更多邻居节点兴趣特征和自身兴趣特征的结合。

第二版上线的是 CrossGAT 模型。在广告推荐里用户对某个广告是否感兴趣的判断，对用户兴趣标签的提取至关重要。因此，在 GNN 的基础上，引入了深度神经网络（deep neural network，DNN）的特征学习理念，即加入了 CrossNet。CrossNet 的主要作用是在用户兴趣模块上，将 CrossNet 输出的交叉特征产出和 GAT 产出的特征进行连接，然后计算损失。这相当于构建了一个 CrossNet 和 GNN 的双塔训练模式，以进一步突出用户兴趣特征的学习，提升预测用户是否对某个广告感兴趣的能力。

第三版上线的是 DualGAT 模型。对于小众广告主提供的种子用户数据较少、可能导致过拟合的问题，许多平台会采取自标记策略，将高置信度样本加入训练集进行迭代训练。另一个解决方案是尝试使用 GNN 的设计思路。GNN 拥有更多的信息传递机制，可以利用传递的特征来定义节点特征。在传统网络科学中，如果你的一些好友对某个广告感兴趣，可以直接进行标签传播。因此，标签传播的概念可以用来解决种子用户少的问题。整个过程在 CrossGat 的基础上增加了一个步骤：p-step 使用 CrossGat 预测节点对广告的兴趣。p-step 的预测阶段就像是进行标签预测，为没有标签的数据预测一个标签。两个模型的训练集由实际样本集和预测样本集组成，新增的 GraphSage 实际上是预测好友对广告的兴趣并进行平均投票。如果用户的好友投票与模型预测的标签相一致，就将这些数据作为高置信度样本加入训练集，然后进行下一轮的迭代训练。这样就形成了一个迭代循环，有效地解决了种子用户少的问题。

以下是对广告 Lookalike 技术演进的概括。在 2018 年之前，使用的是网络嵌入和 XGB 结合的模型，然而随着模型升级到 GAT 后，广告的点击率和用户的互动率在某种程度上有所提升。在此基础上，进一步增强 GAT 模型的交叉特征学习能力，提出了 CrossGat 模型。这一模型在 GNN 的基础上引入了更多的 DNN 模块，从而增强了特征学习能力，并使得广告点击率和用户互动率得到了显著提升。最后，借鉴标签传播的思路来增加正样本，并利用两个 GNN 进行迭代训练，以解决样本过少的问题。这些优化促使 CrossGat 模型在种子用户较少的广告推广中点击率和用户互动率得到了非常可观的提升。

2）新用户冷启动推荐

微信商业直播是微信新推出的业务。在此业务的初期阶段，许多用户尽管没有从事过直播行为，但他们在微信平台上的社交数据非常丰富，包括公众号文章的阅读记录、短视频的观看兴趣等。因此，一个值得考虑的问题是，这些数据是否可以用于直播的冷启动召回？在抖音解决冷启动问题的过程中，大量的头条数据被用于兴趣迁移，这实际上就是基于 DNN 的兴趣转移。针对微信用户的冷启动问题，需要充分利用微信平台上的数据，也需要对这些数据进行合理的建模。

在头条的兴趣模型中，可以用这些数据来预测用户在抖音上的兴趣。然而，DNN 算法主要描述了用户和物品（item）之间的一阶关系，忽略了用户与属性以及物品之间的一些关联。因此，研究人员开始尝试使用 GNN 框架来进行用户的兴趣迁移。由于推荐系统本身就是多路召回的设计，在 DNN 召回的基础上引入 GNN 召回，可以更好地捕捉用户之间的社交关系和其他行为关联。

具体的 GNN 建模步骤如下。

（1）构图操作：在这个场景中，直播间、短视频、公众号的物品被视为图中的节点。用户与其好友的关系、用户与直播间的观看关系、用户与短视频的观看关系以及用户与文章的阅读关系则构成了图中的边。由此，成功构建了一个用于推荐信息的异构图。

（2）双塔结构：GNN 的召回模型采用了双塔结构。在这种结构中，用户塔生成用户的元路径（meta-path），而物品塔则生成物品的元路径。例如，在用户的 meta-path 中，"item->user->user"表明将用户的好友喜欢的内容推荐给该用户，这反映了社交关系中的协同效应。"item->Aux->user"表示了静态属性关系的协同效应，而"user->side->item->user"则表示了其他领域行为的协同效应。例如，如果两个用户在某个公众号上有大量的共同阅读行为，那么这将使得两个用户的嵌入向量更加接近。

（3）特征聚合：在学习嵌入时，对于不同的 meta-path（比如社交路径），使用注意力机制进行特征聚合。多个 meta-path 中的嵌入通过池化或连接的方式生成用户的嵌入和物品的嵌入。

（4）召回和损失函数设计：在召回方面，损失函数的设计包括两部分。首先是直接推荐的损失，即判断用户和物品之间是否存在连边。其次，根据实际业务场景，可能需要根据观看时长等加权因素进行加权调整。具体的直接推荐的损失函数 L_{rec1} 和基于观看时长加权的损失函数 L_{rec2} 公式分别如下：

$$L_{rec1} = -\sum \log(P(\boldsymbol{x}_{ui})) \tag{8-4}$$

$$L_{rec2} = -\sum 时长 * \log(P(\boldsymbol{x}_{ui})) \tag{8-5}$$

通过以上步骤，GNN 模型结合了用户的社交关系和各种行为关联，能够更准确地进行直播冷启动召回，提高了推荐系统的效果。

在新用户的直播冷启动召回方案中，除了包括推荐损失，还追加了重构损失。在 DNN 序列召回中，常常使用变分自编码器（variational autoencoder，VAE）进行召回，这种方法通常更倾向于使用重构技术。在这个场景中，例如，如果两个物品之间有共同的观看用户，那么就可以形成一条连边，嵌入需要重构出物品之间的图。同样地，如果两个用户之间有共同观看的物品，那么也会形成一个用户图。增加这种损失的主要目的是提高嵌入的质量。这些不同的损失权重通常使用贝叶斯方法来确定。

针对新用户的直播冷启动双塔召回，可以总结如下：

（1）底层构图：在构建底图时，可以引入不同领域的行为数据。如果存在其他领域的行为，GNN 模型的扩展性会更好。通过在底图上添加不同行为的协同关系以及设计相应的 meta-path，可以实现某一路径上的兴趣协同。

（2）追加损失：除了推荐损失外，还追加了重构损失，以提高嵌入的质量。在图中，如果两个物品有共同观看用户，或者两个用户有共同观看的物品，就需要重构出这些图的结构，从而提高嵌入的准确性。

（3）适应新用户模式： 由于学习的损失仅适用于老用户，直播领域内的 meta-path 也仅适用于老用户，因此，在训练时会以一定的概率去掉用户在直播领域的行为 meta-path。这相当于在训练和打分的时候只给老用户进行打分。

（4）在实际的 AB 测试中，该方案相较于 DNN 基础上的方案，消费类的指标有显著提升，通常在 2～4 个点，表现为用户在直播间的点击和观看时长显著提高。更为重要的是，对于新用户，次要但关键的指标也有大约 3 个点的提升。直播业务场景是非常实时的推荐场景，例如每个主播打开直播间时，实际上就是实时生成一个直播间的账号。

因此，在直播召回场景的 GNN 上线方案中，对工程能力有较高的要求。

3. GNN 实时训练和在线推理

从场景出发，将整个系统划分为 GNN 的图存储和 GNN 的框架两部分[10]。在图存储方面，最关键的是确保图存储的高可用性，特别是在微信场景下，要求达到"五个九"的稳定性。此外，数据的一致性也是至关重要的，而且系统需要具备快速扩缩容的能力。在计算框架方面，除了性能和开发应用性，需要关注的是模型上线所需的额外开发工作，即所保存的模型能够直接推向线上进行服务。同时，必须保证内部功能和线上推理、线下推理以及训练逻辑的一致性。

图存储部分基于微信的 Mkv/Fkv 进行扩展。微信的 Mkv/Fkv 支持前端开发技术，并且支持用户自定义函数进行扩展。微信的 KV 已经在多个场景下得到应用，其稳定性和性能已经满足了上线的需求。在计算框架方面，采用了基于静态图版本的 TensorFlow，扩展了图操作和图卷积相关的算子。

在图存储方面，一个关键问题是如何在 KV 存储系统的基础上扩展图的存储支持。目前市场上主要存在两种方式。第一种方式是将一个顶点的所有邻边存储在一个键值对中，这种方式查询效率较高，但插入性能较低。第二种方式是常见的摊开存储方式，即每条边存储为一个键值对，这种方式插入效率高，但不利于进行邻居样本查询，因为其查询效率较低。最终采取的方案是将整个顶点的所有邻边划分为相等的框，然后进行存储。这种方式平衡了插入和查询的效率，同时在摊开存储的基础上减少了存储数量，降低了存储压力。基于这样的存储结构，可以定制各种索引结构来加速图采样操作，确保 GNN 的上线推理满足新的上线需求。

只有图存储是无法实现 GNN 查询的，因此配合图存储设计了一套图查询接口，它是基于 TensorFlow 的资源实现的。为了达到训练和推理的性能要求，训练阶段配合 TensorFlow 中的数据集做图预取的工作，更加关注吞吐，可加大并发量来解决这个问题。加速图采样过程如图 8-2 所示。

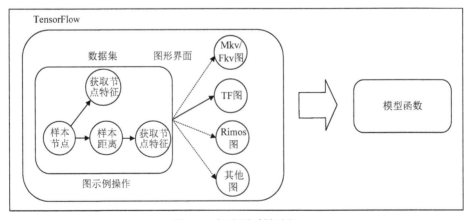

图 8-2　加速图采样过程

除了图查询相关算子，当前只使用 TensorFlow 的数据结构和算子，并不能在查询得到的子图上进行高效的卷积操作。这是因为 TensorFlow 提供的稀疏数据结构在某些操作上的效率较低，如查找某个顶点的所有邻居、出边和入边。为了满足图学习场景的需求，定制了适应性压缩稀疏行（adaptive compressed sparse row，ACSR）和适应性压缩稀疏列（adaptive compressed sparse column，ACSC）这两种数据结构，并配备了与这两种数据结构匹配的专用算子库。另外，还整合了一些计算优化技术，以进一步提高整个算法的效率。

在线推理方面，基于 TensorFlow 的架构使得整个过程非常简便。在线过程中，GNN模型与标准的 DNN 模型类似，都是使用 TensorFlow 进行在线训练。然后，定期结合在线的 Team Server，将模型参数导出到线上，或将模型存储在模型仓库中。在线模型服务则会从模型存储中拉取最新的模型，从而对外提供服务。

然而，与标准 DNN 模型的不同之处在于，GNN 模型还需要与图存储交互。为了满足数据的实时性需求，需要从消息堆中接入增量的图数据，并且保持图存储的 24 小时不间断更新。在实际应用中，可能会遇到线上活动或其他突发事件导致大量图数据涌入，从而影响图存储的稳定性。为了应对这种情况，引入了接口层，用于实现流量的控制或采取其他措施来处理突发的数据冲击，确保在线推理的稳定性。

8.3　Angle 图神经网络在推荐场景下的实践

本节介绍 PyTorch on Angle 起源、PyTorch on Angle 图神经网络框架和推荐场景的实践与应用。

1. PyTorch on Angel 起源

在 Angel 的发展历程中，最初的版本主要集中在机器学习和深度学习领域，专注于推荐场景的机器学习算法。在 2018 年，Angel 推出了 1.5 版本，引入了 Spark on Angel框架，增添了更多功能。同年 9 月，Angel 发布了 2.0 版本，拓宽了其对深度学习算法和图计算的支持，其中图计算主要致力于图挖掘算法和图嵌入学习。2019 年，Angel 开源了 3.0 版本并推出了 PyTorch on Angel V0.1.0 版本，这个版本主要支持图神经网络算法，如 GraphSage 算法。到了 2020 年，Angel 发布了 3.1 版本以及 PyTorch on Angel V0.2.0 版本，进一步丰富了图神经网络算法。最新的发展则在 2021 年，Angel 推出了 PyTorch on Angel V0.3.0 版本，该版本主要支持异构图，同时也进一步扩大了图算法和图算子。

为什么 Angel 要开发图以及图神经网络的框架呢？这是因为近年来学术界和工业界都对 GNN 领域表现出极大的兴趣。GNN 在实际应用中取得了显著的成果，相较于传统的图计算方法，GNN 能够更好地利用和学习到图中更为丰富的信息。同时，在腾讯内部，存在着众多丰富的应用场景，而这些场景中的很多问题可以被转化为图上的问题。然而，在当时，高效的图计算升级网络的框架相对稀缺。因此，Angel 团队希望基于 Angel本身的能力去实现一个高效的图神经网络框架，以便更好地应用和推广图神经网络技术，为各种实际问题提供更为准确和高效的解决方案。这一举措使得腾讯内部能够更好地利用图神经网络技术，从而取得更好的业务效果。

2. PyTorch on Angel 图神经网络框架

基于 Angel 的强大基础，PyTorch on Angel 整合了 Angel PS 的高维稀疏处理能力，并融入了 Spark 的大数据处理优势，从而得以成功研发。由于图算法和模型本质上具有稀疏性，因此与 Angel PS 的能力相结合就让 PyTorch on Angel 能够高效地处理超大图的计算。在图计算任务中，常常需要进行复杂的数据预处理，而融入了 Spark 的大数据生态之后，PyTorch on Angel 能够实现端到端的处理。为了更好地支持图神经网络算法，该框架引入了 PyTorch 的外部组件，并充分利用了 PyTorch 的自动求导能力，从而使得支持图神经网络算法变得更为便捷。这也恰好体现了 PyTorch on Angel 设计的初衷。

PyTorch on Angel 是一个高性能架构，致力于基于 Angel PS 架构实现千亿级超大图计算的高效处理。在实际应用中，PyTorch on Angel 继承了 Spark on Angel 良好的端对端处理能力，使得使用分布式 PyTorch 和 Spark 一样简便。算法的实现与单机版无异，而且在新版本中还抽象了图算子，使得用户可以轻松实现新定义的图算法。

该架构主要包括三个部分：首先是 Python Client（客户端），主要负责编写网络结构，因此用户只需使用 Python 代码构建整个网络，就能实现图神经网络算法；其次是 Spark 部分，负责数据的处理和调度；最后是 Angel PS 部分，主要负责数据的存储和部分计算。

下面对 2021 年开源的 V0.3.0 版本的主要特性进行详细介绍。首先，新版本支持自适应模型数据划分方式，这是一个专门针对图领域的优化策略。这是因为在现实世界的网络结构中，网络节点的分布往往是非连续的，可能是数值型、字符串等形式。为了适应这种节点分布情况，在原有的分区基础上提出了哈希分区方式，使得在实际应用过程中，可以自适应地选择数据或模型的划分方式，同时，这种方法对增量训练的支持也非常友好。其次，新版本开源了异构的图神经网络算法，并且特别针对广告推荐的场景，支持了高维稀疏矩阵的数据。为了便于协同开发，针对不同层级提供了通用图操作 API，使得用户能够更容易地实现自定义的图神经网络算法。

图任务大体可被分为三大类，分别为传统图挖掘、图表示学习和图神经网络。传统图挖掘算法（如 PageRank、Closeness Centrality、Louvain 等）更多的是从网络的拓扑结构中进行学习，学习到的关键节点或者划分好的社区可以直接用到推荐场景中，所以也是端对端模型。传统图挖掘算法流程图如图 8-3 所示。

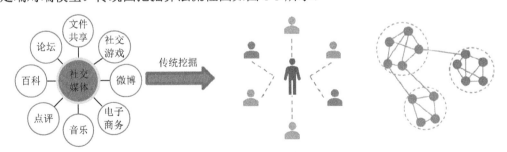

图 8-3　传统图挖掘算法流程图

图表示学习的代表算法 LINE、DeepWalk、Node2Vec 等均是无监督表示学习,通常在网络中学习到节点的特征表示,特征表示需要辅助下游推荐任务进行推荐应用,所以通常是两阶段的推荐模型。图表示学习流程图如图 8-4 所示。

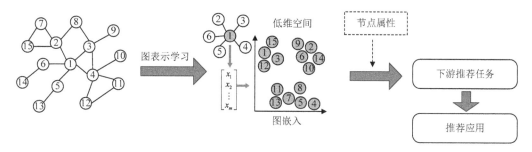

图 8-4　图表示学习流程图

图神经网络代表算法有 GCN、GraphSage、DGI、GDT、HGAT、HGNN 等,在实际应用中主要融合网络的拓扑以及节点的属性信息,从而可以直接学习到节点的嵌入表示,也可以进行分类任务和链路预测,所以也可以实现端对端的推荐应用。图神经网络流程图如图 8-5 所示。

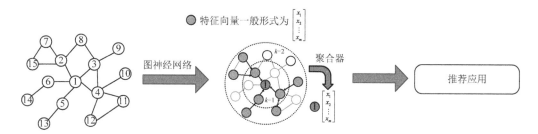

图 8-5　图神经网络流程图

GNN 算法在推荐系统中的应用通常遵循一系列详细的流程。在使用 GNN 算法之前,首先需要进行数据分析和构建,包括网络数据的整理和节点网络属性特征的处理。这些处理后的数据可以直接应用到 GNN 模型中。GNN 是一种端到端的模型,它能够从数据中学习模式,并将这些模式直接应用于推荐任务。在 GNN 学习完成后,可以选择将其结果与其他模型进行融合,以增强模型的性能。最终的推荐结果将被放入推荐池中供用户使用。推荐系统中通常会包含一系列步骤,包括推荐召回、粗排、精排和曝光等流程。GNN 的常用推荐流程如图 8-6 所示,涵盖了从数据预处理到推荐结果生成的整个过程。这个流程确保了在推荐系统中充分发挥 GNN 算法的作用,提供个性化、准确的推荐服务。

3. 推荐场景的实践与应用

PyTorch on Angel 在公司内部有很多推荐场景,利用 GNN 算法取得了非常好的效果。下面介绍 Angel 图神经网络在实际场景中的应用。

1)全民 K 歌推荐场景

全民 K 歌是一款融合音乐和社交的软件,用户行为和内容丰富多样,包括点唱、直

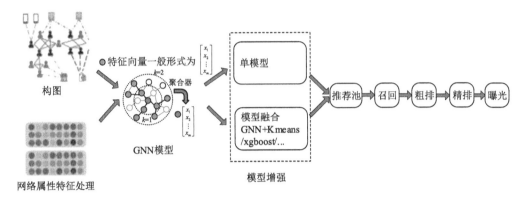

图 8-6　GNN 的常用推荐流程

播、好友关系、群聊歌房等。不同主体（用户、主播、歌房、歌曲等）之间存在多样化的关系，形成了典型的异构网络。例如，连边关系包括点唱、关注和打赏。在 K 歌场景中，网络规模巨大，拥有亿级节点和百亿级边，具备高度稀疏性。这种大规模、高稀疏性的网络需要高效的图神经网络算法进行处理。

　　在实际应用中，Angel 网络算法易于实现，但也面临一些挑战，比如节点度分布的极端不均衡，导致热门点唱歌曲的节点度远远高于其他歌曲。在学习过程中，如果不进行处理，这些热门节点可能成为超级节点，给算法的存储和计算带来挑战。为了应对这种情况，可以对网络进行切分操作，将热门节点分布到不同的机器上，使得节点分布相对均衡。此外，如果想要保留主播推荐中的热门点唱情况，可以通过网络构建进行过滤，或者降低热门歌曲和主播的权重，以实现节点度均衡。

　　在实际构建过程中，可以根据不同场景构建不同的网络。例如，研究用户与用户之间的推荐关系，可以在整个网络中提取用户与用户的关系；如果研究用户与歌曲或者主播之间的推荐关系，可能需要在大网络中提取用户与歌曲或者用户与主播的异构网络。在用户和主播的异构网络下，可以选择异构的 GraphSage 算法进行学习。学习到的用户和主播的特征表示将被放入推荐池中，用于推荐的多路召回，以及一系列的粗排、精排和曝光等流程。

　　在召回阶段，需要从推荐池中选择候选集。根据不同场景和需求，召回的要求通常包括复杂度相对较低、性能保证以及相关性、泛化性和新颖性等方面。为满足这些要求，实际应用中尝试了多种召回方式，包括节点测度、拓扑分析、基于稳定关系链的召回以提高用户活跃度、基于用户行为的召回以提高相关性，以及向量化召回方法。在这些方法中，向量化召回是应用最广泛的一种，利用 GNN 算法进行推荐，以获得更好的性能。

　　在推荐场景中，向量化召回方法是一种常用的应用方式，特别适用于 GNN 算法。GNN 算法能够学习到同类型节点的嵌入表示，将这些嵌入向量用于下游任务中的相似度计算，从而进行向量化召回。在全民 K 歌的好友推荐场景中，应用 GNN 算法和向量化召回方法使得点击率提升了 5%。

　　虽然上述流程已经产生了推荐结果，但由于图神经网络算法的可解释性较差，我们需要找到方法提升其最终呈现的可解释性。为了增加这种可解释性，可以借助图查询技术，基于一跳或者二跳的好友关系来寻找相关信息。在实际推荐展示时，我们可以提供具体的推荐理由，例如"这个是您的好友曾经唱过的歌曲"，或者基于二跳关系的推荐理由，如"这是您的好友的好友曾经唱过的歌曲"。这种做法不仅赋予了推荐结果具体的解释性，同时也有助于提高点击率。

2）微信内容推荐

微信拥有庞大的用户网络和多样的内容（文章、视频等），推荐场景也非常丰富。其中，基于社交的推荐场景是其中之一，该场景通过分析和学习用户的关注、点击和分享等行为来进行推荐。具体而言，对于公众号之间的推荐，需要构建一个网络，其中用户与公众号之间的点击关系构成网络的边。然而，若直接构建这样一个网络，其密度会很高。为了降低网络密度，可以引入共现阈值，例如，只有当两个公众号同时被 10 个以上的用户关注时，它们之间才被认为存在关联。此操作既降低了网络的密度，使得学习任务更为容易，同时也避免了引入过多的噪声。

然而，这种网络抽象可能会丧失很多信息，比如用户对公众号的关注、点击和分享等行为。为了保留这些信息，可以将这些行为转化为边的属性或者权重，并加入公众号网络中，从而丰富了网络的信息。

在构建好网络后，我们需要对网络中节点或者边的属性特征进行一些必要的数据处理，比如消除噪声和进行归一化。在这种没有标签或者辅助信息的场景下，我们通常会采用无监督的推荐模型，如深度图最大信息算法（deep graph infomax，DGI）。一旦使用DGI 学习得到公众号的嵌入表示，我们就可以将其应用于全量或者推荐召回池中进行召回操作。在微信内容推荐中，采用了嵌入表示之间的相似度以及公众号之间的连边关系，将这两者结合进行排序推荐。在这个应用场景下，点击率成功提升了 1.61%，同时关注率也提升了 0.52%。

3）腾讯看点视频推荐

腾讯看点视频和全民 K 歌在某种程度上有相似之处，它们都将音乐或视频与社交元素相结合。就像全民 K 歌一样，腾讯看点视频也拥有丰富的主体和内容连边关系，因此对推荐系统的需求相当相似。然而，两者之间的区别在于，腾讯看点视频的推荐场景更侧重于挖掘序列数据的价值，而这一点在全民 K 歌的研究中并未涉及。

在腾讯看点视频的推荐场景下，有多种数据来源，包括看点推荐、看点关注、历史点赞以及观看记录等。特别地，历史观看序列数据包含了海量的信息。为了最大化地挖掘这些序列信息的价值，会执行与之前描述的推荐场景类似的流程，但在此过程中额外考虑了序列数据的处理。首先，进行构图操作，建立用户观看过的视频间的连边。然而，在已经构建的图中，视频与视频之间的序列信息是缺失的。为了充分利用这些信息，可以预先将观看序列数据引入 Transformer 模型中进行学习。在获取了序列特征表示后，将其集成到异构的 GraphSage 中，以学习用户的整体嵌入表示。然后，将学习到的特征表示放入推荐池中，执行一系列的推荐召回操作。

结果显示，通过将序列信息整合到 GNN 模型中，召回率提升了 0.46%，阅读时长也提升了 0.33%。这证明了在腾讯看点视频的推荐场景下，充分发掘历史观看序列数据的潜力可以显著提升推荐效果。

参 考 文 献

[1]   GAO C, ZHENG Y, LI N, et al. A survey of graph neural networks for recommender systems: Challenges, methods, and directions[J]. ACM Transactions on Recommender Systems, 2023, 1(1): 1-51.

[2]   WU S, SUN F, ZHANG W, et al. Graph neural networks in recommender systems: a survey[J]. ACM Computing Surveys, 2022, 55(5): 1-37.

[3]   GAO C, WANG X, HE X, et al. Graph neural networks for recommender system[C]//The fifteenth ACM International Conference on Web Search and Data Mining. Virtual Event: ACM, 2022: 1623-1625.

[4]   YING R, HE R, CHEN K, et al. Graph convolutional neural networks for web-scale recommender systems[C]//The Twenty-fourth ACM SIGKDD International Conference on Knowledge Discovery & Data Mining, London: ACM, 2018: 974-983.

[5]   XU C, ZHAO P, LIU Y, et al. Graph contextualized self-attention network for session-based recommendation[C]//The twenty-eighth International Joint Conference on Artificial Intelligence, Macao: MIT, 2019: 3940-3955.

[6]   WU S, TANG Y, ZHU Y, et al. Session-based Recommendation with Graph Neural Networks[C]//The Thirty-third AAAI Conference on Artificial Intelligence, Honolulu: AAAI, 2019: 346-353.

[7]   WEI C, FAN Y, ZHANG J. High-order social graph neural network for service recommendation[J]. IEEE Transactions on Network and Service Management, 2022, 19(4): 4615-4628.

[8]   ZHANG M, WU S, YU X, et al. Dynamic graph neural networks for sequential recommendation[J]. IEEE Transactions on Knowledge and Data Engineering, 2022, 35(5): 4741-4753.

[9]   YU B, ZHANG R, CHEN W, et al. Graph neural network based model for multi-behavior session-based recommendation[J]. GeoInformatica, 2022, 26(2): 429-447.

[10]   WU Q, ZHANG H, GAO X, et al. Dual graph attention networks for deep latent representation of multifaceted social effects in recommender systems[C]//The Twenty-eighth World Wide Web Conference, San Francisco: ACM, 2019: 2091-2102.

第9章 风控与图神经网络

风控在金融领域中是非常重要的一项工作，旨在通过对客户行为和交易数据进行监测和分析，识别潜在的风险和欺诈行为。图神经网络在风控领域也有着广泛的应用。图神经网络可以有效地处理复杂的关系数据，将客户、交易、资金流等信息表示为图结构，从而能够更好地挖掘数据之间的关联和模式。通过图神经网络的学习和推理，可以发现潜在的欺诈模式和异常行为，提高风控系统对风险事件的识别能力。本章探讨基于图神经网络的欺诈检测、反欺诈领域的应用以及图神经网络在对抗攻防研究中的应用。

9.1 基于图神经网络的欺诈检测

欺诈通常被定义为一方有意歪曲事实，明知其虚假，并诱使另一方采取行动。欺诈包括以下四个方面的特点。

（1）错误表达事实：欺诈行为涉及对事实的错误陈述或歪曲。

（2）从一方应用到另一方：欺诈行为在个体或集体中均可展现，如一个人应用到另一个人，一个企业应用到另一个企业。

（3）明知其虚假：欺诈者必须确切了解其行径的不当性，即他们必须对其行为具有欺诈性的本质心知肚明。

（4）引诱他人采取行动：欺诈者以此行径引诱他人采取其他行动。

相对于欺诈者，黑客是指那些能够通过技术手段入侵计算机系统的个体。然而，并非所有的欺诈者皆是黑客。黑客可能利用系统漏洞，但并非必然涉及欺诈行为。欺诈者的目标在于通过虚假陈述引诱他人采取行动，而黑客可能出于其他目的，如获取信息、破坏系统或满足好奇心。

在欺诈与异常行为的对比中，欺诈行为并非表现为系统的异常。例如，在数据监测中，欺诈者的行径可能与正常用户非常相似，难以从数据中找出显著差异。以 App 应用市场的监测为例，如果某个应用在某一天的下载量突增，这被视为一个异常行为。但是，该异常行为是否为欺诈，需要进一步调查与分析。可能存在多种原因，如广告宣传、特殊事件等，这并非是欺诈引起的。因此，在判断异常行为是否为欺诈时，需要进行详细的背景调查和分析。

如图 9-1 所示，在某年 8 月的某一天，相对于其他时间，搜索量有显著的增加，这呈现出异常的特征。然而，需要进一步评估，是否应将其视为异常的欺诈事件。通过分析当天的 App 下载量，发现下载量也在同一天有大幅度的上升。在搜索量和下载量同步增长的背景下，这种现象并不符合欺诈行为的典型特征。相反，这种情况可能是因为该 App 在当天进行了一系列效果显著的推广活动，因此吸引了更多用户进行搜索和下载。

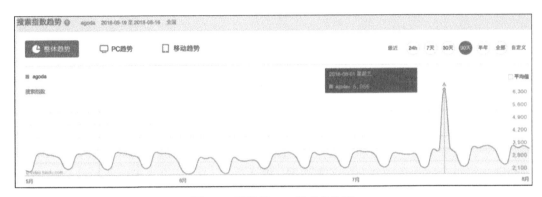

图 9-1　百度某 App 搜索趋势图

1. 图神经网络与欺诈检测

欺诈主要分为社交网络诈骗和金融诈骗两大类。其中，社交网络诈骗在现实生活中较为常见。例如，某些电影或游戏在评分平台上出现恶意刷分或刷评价等行为，这些虚假评论也属于诈骗行为。还存在一些虚假网站，通过虚构各种信息以诱骗点击量或者实现某种引流效果。另一类是金融诈骗，这种诈骗行为更为恶劣且通常涉及金融交易，目的是通过欺诈手段骗取他人财产，如保险欺诈和虚假交易等。此外，还有一些欺诈行为无法明确分类，例如广告诈骗和游戏外挂等。图 9-2 所示为欺诈行为的分类情况。

图 9-2　欺诈行为的分类

随着深度学习的广泛应用，欺诈检测问题逐渐变成数据科学、安全和机器学习三个重要领域的交叉研究领域。为了设计和实现欺诈检测系统或风控系统，需要结合三个领域的相关知识。图神经网络在欺诈检测中的应用可以具体分为三步：首先，根据问题构建对应的图结构；其次，通过图神经网络学习图的特征；最后，利用学习到的特征去训练分类器。其核心思想是基于同质假设，即相连接的节点具有相似性[1]。图 9-3 展示了近年来图神经网络在欺诈领域的研究进展情况。

首先，2018 年，亚马逊在 KDD 会议上发表了 GraphRAD 模型，这是首篇将图神经网络应用于欺诈检测的文章[2]。随后，蚂蚁金服在 CIKM 会议上的 GEM 模型首次将异质信息网络应用到欺诈检测任务当中[3]。2019 年，阿里巴巴发表了 GeniePath[4]及 InsurGNN[5]，将一些基础的图神经网络应用到不同的欺诈检测任务上。同年 KDD 会议上有一篇文章将图神经网络应用于比特币研究，探讨了虚假交易在比特币交易中的演变

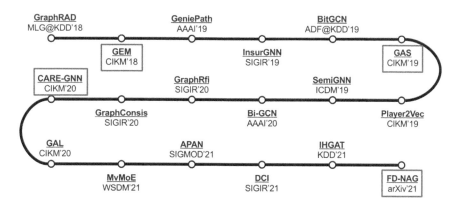

图 9-3 图神经网络在欺诈检测领域的发展历史

情况[6]。2019 年底阿里巴巴发表了 GAS 模型,用于检测闲鱼平台上的虚假评论[7]。
Player2Vec 将异质信息网络应用于平安安全领域研究,用来检测地下论坛中灰色交易
的情况[8]。SemiGNN 模型来自于蚂蚁金服,用于解决蚂蚁金服上用户信用评估问题[9]。
BiGCN 应用于社交网络中的谣言检测问题,该模型从谣言的源头及末端两个方向去设
计网络模型[10]。GraphRfi 模型是第一个将欺诈检测与其他任务结合起来的模型[11]。
GAL 模型结合了图神经网络及无监督模型的研究,解决了图神经网络对标签信息极度
依赖的问题,并应用于标签稀少的情况[12]。2021 年初在 WSDM 上发表的 MvMoE 来自
阿里巴巴,提出一个多任务框架,将图神经网络应用到用户信用评估和用户预约预测上,
底层共享一个图神经网络的基础模型,在模型上端设计了一个多任务分支[13]。同年阿里
巴巴提出 APAN 模型解决了流式学习问题,以处理动态信息,研究了如何利用历史信息
有效训练模型[14]。中国人民大学提出了 DCI 模型,该模型在欺诈检测问题上应用了对
比学习的概念[15]。随后,阿里巴巴提出了 IHGAT 模型,引入了用户动机在欺诈检测中
的图神经网络建模[16]。文献[17]使用强化学习的思想来选择最具信息价值的邻居,以帮
助图神经网络有效过滤欺诈者。

1)GEM 模型

GEM 模型源自蚂蚁金服团队,其研究的问题是关于支付宝上的欺诈账户的检测。
图 9-4 为根据欺诈账户检测问题设计的用户–设备异质图,图中节点包含正常的账户、有
害或欺诈的账户和不同的设备登录的账户。

该模型的开发团队认为,同一账户在不同设备上登录是常见的现象。对于某些欺诈
者来说,他们可能会利用多台设备,或者反复使用同一台设备进行欺诈行为,甚至可能
在同一台设备上登录多个账号。如果出现这样的情况,那么可以通过所设计的异质图,
观察用户与设备之间的连接关系,明显地识别出这些异常行为。

2)GAS 模型

GAS 模型是由闲鱼的研究团队开发的,主要用于检测闲鱼平台上的虚假评论。与常
见的异质网络建模方法不同,该团队提出了全新的异质信息网络和节点聚合方式。他们
为用户节点、评论节点和商品节点分别设计了相应的聚合器,用于聚合各自邻居的信息,
从而学习三种不同类型的表达方式,即对每个异构实体进行编码。此外,他们还通过分

析评论之间的相似性，构建了一个同质的评论图，并验证了图形构造的抽样方法。图9-5
展示了其异质信息网络示意图。

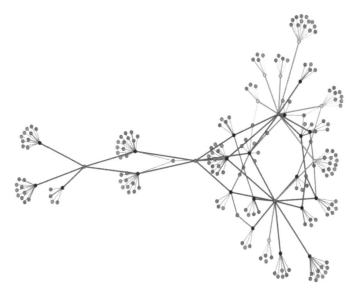

图 9-4   用户–设备异质图

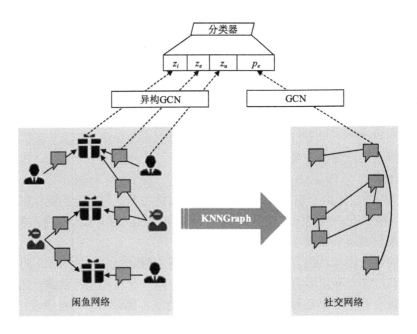

图 9-5   用户评论–产品图+评论–评论图

3）CARE-GNN 模型

CARE-GNN 模型的主要任务是在 Yelp 和亚马逊上检测垃圾评论和恶意评论，其针
对的主要是欺诈者的伪装行为。该模型的出色之处在于，它采用了强化学习来选择邻居，
通过挑选包含最多信息的邻居，从而使图神经网络能更有效地过滤出欺诈者[17]。图 9-6

所示为欺诈伪装示意图。

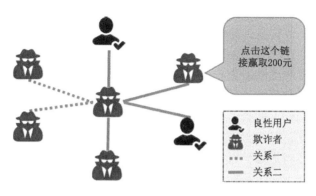

图 9-6　欺诈伪装

2. 图神经网络在欺诈检测中的一般应用方法

是否应该使用图神经网络来进行欺诈检测？要回答这个问题，需要从多个角度进行深入分析。

首先，考虑是否需要使用图结构来描述欺诈检测问题。对欺诈的定义以及欺诈行为进行深入理解后，可以发现以下几点：

（1）欺诈者可能存在共同的特征或实体。换句话说，欺诈者之间可能存在某些共性。

（2）欺诈者可能存在群体性的聚集行为。在图 9-6 中，欺诈者可能展现出社团聚集的现象，与之相反，普通用户则可能呈现出分散的状态。可以通过构建图来轻松地识别这些异常的聚集行为。

（3）效率与成本之间的权衡。由于图结构可以更直观地揭示用户的特征，这将有助于提高算法的效率。同时，如果能找到合适的图构建算法，那么计算分析的成本将大大降低。

下一个要考虑的问题是是否应该使用图神经网络。假设已经确定使用图结构来处理问题，那么是否需要利用图神经网络来解决这个问题呢？除了图神经网络，还有许多传统的图形算法可以选择，如基于贝叶斯的概率图模型和基于矩阵分解的普通图算法。这些模型已经得到了广泛的研究，并且取得了相当好的效果。相比于这些模型，图神经网络的最大优势在于其端到端的学习特性，即它具有无须手动设计特征的优势。例如，对于涉及各种原始特征的问题，包括图像、声音和实际信息，可以将这些数据直接输入图神经网络中，并让深度学习模型自动提取和学习这些特征。而如果采用传统的图模型，可能需要进行一些特征工程的相关工作，先提取出需要的特征，然后再用它们来解决问题。此外，如果基础设施已经具备了深度学习框架，那么能够快速地将深度学习或图神经网络应用到问题的解决中。因此，如果满足以上条件，使用图神经网络来解决问题将会更加高效和便捷。

在确定使用图神经网络之后，第三个问题便是应针对何种任务进行选择？在图挖掘领域，存在许多与欺诈检测相关的任务，甚至可以说，所有图相关的任务均可与欺诈检测相联系。首先是分类任务，包括节点分类、边分类、图分类以及子图分类等。除了分类任务之外，还有聚类任务和异常检测任务等，这些都可与欺诈检测相关联。虽然本书之前提到过异常检测，但是，异常情况并不总是代表欺诈行为。例如，在对水军或虚假账户进行检测时，欺诈者在许多数据维度上可能与正常用户无明显差异，但他们可能展示出与欺诈行为高度相关的特定行为。因此，可以将这种情况定义为分类问题，并通过图神经网络学习从特征到标签的映射，以进行节点分类。当然，现在许多欺诈检测问题也可以建模为团伙问题，即聚类问题，因为聚类分析能够快速识别出更多的虚假用户，从而提高效率。因此，对于团伙检测问题，可以将其视为聚类问题或社区检测问题。在确定任务之后，需要考虑如何选择适合的图神经网络任务以解决这个问题。

确定任务之后，下一步是设计图的结构，即要确定需要的节点和节点的种类，需要的边和边的种类，以及节点是否需要进行采样。这一部分其实是将图神经网络应用在欺诈检测领域与生物领域、自然语言处理领域等和其他领域之间最显著的区别。这是因为欺诈检测通常应用在大规模数据上，而这些数据往往不具备图结构，因此在图的设计方面具有极高的灵活性。该步骤的重要性超过其他部分，故构建良好的图结构是解决欺诈检测问题的关键前提。

解决上述问题后，最后一步就是选择适用的 GNN。这部分相对简单，可以根据任务的需求选择不同的模型，比如有些 GNN 是针对图分类的，有些则是针对异常检测的。选择模型时，不需要特别复杂的模型，只需要选择最成熟的模型即可。最关键的一步是图结构的设计。目前，图结构设计共有 4 种主流设计方法，如图 9-7 所示。

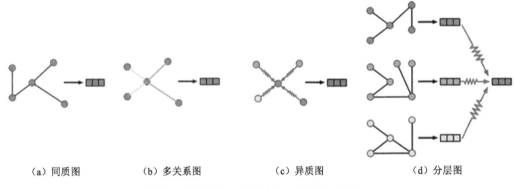

(a) 同质图　　　　(b) 多关系图　　　　(c) 异质图　　　　(d) 分层图

图 9-7　同质图、多关系图、异质图和分层图

经过上述过程后，在图神经网络的应用中经常会出现一些问题，接下来列举一些问题及其解决方案。

第一个问题为伪装问题。第一种解决方案是过滤图中的节点，如可以保留与中心节点相似的节点，去掉不相似的节点。第二种解决方案是采用类似对抗学习的方法来提高模型的鲁棒性。第三种解决方案是利用主动生成（如使用对抗生成网络生成一些对抗样本）来增强模型的稳定性和鲁棒性。第四种解决方案是利用贝叶斯的方法来操作图神经网络。例如，在聚合邻居时，可以根据节点的先验知识来判断邻居是否是伪装的或真实的，并根据这些因素影响的结果来调整聚合时边的权重。

第二个问题为可扩展性问题，这也是目前图神经网络在所有实际工业应用领域所面临的最大瓶颈。值得注意的是，除了 GNN 之外，对于非深度学习的图模型在可扩展性的研究方面相对成熟。因为相比于深度学习模型来说，非深度学习的图模型通常具有更高的可扩展性。

第三个问题是类别的不平衡问题。一般把欺诈检测定义为二分类问题，即通过模型对节点进行标签标记，将节点分为欺诈者和正常用户。但是在二分类问题中，尤其在工业界的数据集中，欺诈者的比例非常低，例如有 100 万正常用户，欺诈者可能仅占几百到几千，从而导致数据集极端不平衡。针对这种极端不平衡的数据集，无论是图神经网络，还是传统的机器学习模型，如果不做相对的调整，将无法获得良好的训练效果。最经典的解决方案是在训练过程中对真实用户进行采样，使其与欺诈用户数量保持一致。此外，还有一些方法通过对邻居的选择，在 GNN 聚合时就保持标签的平衡性。此外，还有一种解决方案是通过数据增强的方法，比如在模型中学习到欺诈者的一些特征，利用该特征生成更多虚假者的训练数据，从另一个角度削减标签不平衡所带来的影响。

第四个问题是标签稀缺，这在欺诈检测中尤为显著。由于标签打印成本高昂，因此需要业务专家和一些规则的人工检查才能确定一个事物是否为欺诈。对于标签的稀缺性问题，有以下两种解决方案。一种解决方案是借助主动学习，根据现有的标签进行大规模的标注。另一种解决方案是利用机器学习，将无监督的学习方法与有监督的 GNN 结合起来，例如，先用无监督的方法对部分标签进行推断，然后将这些推断的信息作为监督信号，再辅助 GNN 学习。

第五个问题涉及标签的真实性或质量。在进行标签标注的过程中，经常会遇到标签质量低下的问题，因此，如何校准标签质量是一个关键的问题。一种解决方案是通过主动学习来评估标签的质量。另一种方案是人在循环中（Human-in-the-loop），这意味着在机器学习的过程中，会让节点参与其中。此外，还可以通过收集对人类标注的反馈信息，并将这些信号传递到机器学习过程中，以持续优化学习的过程。

第六个问题是数据稀缺。这与标签稀缺的问题类似。在欺诈检测领域，不仅面临着标签少的问题，同时也面临数据规模小的问题。解决这个问题的一种方案是通过数据增强，学习和识别欺诈者的特征，然后对这部分数据集进行增强。

在欺诈检测领域，未来的发展方向主要集中在以下三个方面。

（1）图的预训练和对比学习。一个关键原则是欺诈测试必须在图结构方面与正常用户有明显区别。传统的特征差异不足以提供高效的欺诈检测。通过图的预训练和对比学习，可以更好地捕捉图结构中的异常模式，提高欺诈检测的准确性。

（2）动态图和流式学习方法。利用动态信息构建动态图对于欺诈检测至关重要，因为历史信息在识别欺诈用户方面具有重要价值。动态图指的是随着时间变化而演化的图结构，能够更好地反映用户行为的时序特性。为了处理动态图，可以采用流式学习方法，不断地更新模型以适应新的数据，但这也增加了训练成本，因为动态图的训练时间通常较长。

（3）强化学习和自监督学习。强化学习和自监督学习是当前深度学习领域的热门方向，也可以应用于欺诈检测。通过强化学习，模型可以根据环境的反馈不断调整策略，逐步提高欺诈检测的效果。自监督学习则利用数据自身的信息进行监督信号的构建，可以更好地学习到数据中的隐藏特征，对于欺诈检测中的隐蔽模式具有较好的适应性。

3. 基于图神经网络的欺诈检测

如今，消费贷款已经成为一种非常流行的贷款方式。消费贷款允许申请者购买有价值的产品，比如某个用户可以通过贷款购买车辆、衣服等。传统贷款与消费贷款有一个显著区别：传统贷款通常需要提供抵押品，比如房产作为抵押；而消费贷款本质上是一种信用贷款，只需要信用作为抵押。因此，在消费贷款场景下，欺诈行为频繁发生，有些申请人虽然有偿还能力，却恶意拖欠贷款。

为了避免这种巨额损失，评估贷款风险并找出可能的欺诈申请人变得至关重要。为了解决这个问题，研究者希望能够通过探索申请用户的社会关系来解决欺诈贷款的问题。为了便于理解，首先给出一个比较详细的任务描述，目标是预测申请人是否存在欺诈行为，这里的欺诈指的是那些有还款能力但恶意拖欠贷款的申请人。使用的数据是消费平台的关系网络，其中用户通过多种关系连接在一起。

为了更清楚地说明该场景，先简单了解一下消费贷平台上的用户。消费贷平台上存在四种用户，分别是申请人、卖家、中介以及其他用户。如图9-8所示，完整的贷款流程是申请人在平台上申请贷款并购买商品，平台审核贷款后支付给卖家，然后卖家发货，申请人在收到商品后会在平台上进行还款操作。这是一个常见的消费贷流程，此时的平台可以视为一个第三方金融机构。

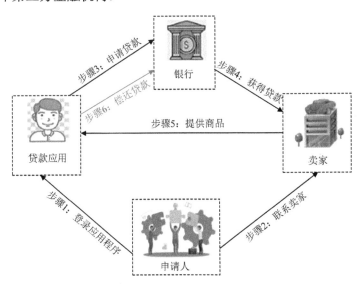

图9-8 正常消费贷流程

然而，在面对成千上万的商品时，出现了新的角色——中介。在车贷场景下，由于购车对于大多数用户而言非常重要。申请人在贷款平台上购车时可能由于了解不足，会通过一些中介了解哪款车辆更适合。因此，中介成为一个新的角色，弥补了卖家和申请人之间的信息差异，帮助申请人解决在贷款申请和车辆选择时的困难。

这四种角色的节点通过多种社会关系相互连接，包括社交网络关系、交易关系和设备供应关系。在关系网络中，每一条边都包含了关系的起始时间和结束时间以及其他关系属性。首先，将贷款欺诈检测建模为节点分类的问题，模型需要利用节点的属性和其社会关系来预测申请人节点是否属于欺诈节点。假设网络里一共有 R 种关系，那么每一个样本都可以定义为如下形式：

$$\{x = \{G_1, G_2, \cdots, G_R, T\}, y = \{0,1\}\} \tag{9-1}$$

$$G_i = \{V^i, E^i, X_{\text{node}}^i, X_{\text{edge}}^i\} \tag{9-2}$$

其中，G_i 表示的是申请人和其他用户之间的第 i 种关系，它包含了节点集合 V^i、边集合 E^i、节点属性 X_{node}^i 和边属性 X_{edge}^i。T 表示申请时间，标签 y 表示这笔贷款是否具有欺诈属性。然后给定训练集一些历史上的贷款记录，目标是把测试集中的贷款分为两类，即正常贷款和欺诈贷款。通过上述分析将消费贷欺诈检测问题形式化。

一个标准的贷款流程如下：首先，申请人提交贷款申请，接着贷款平台将款项发放给卖家，然后卖家发货，最后申请人按时偿还贷款。然而，在欺诈贷款的情况下，常见的模式有所不同：首先，中介会介入，联系申请人与卖家。随后，中介引导申请人申请贷款。贷款平台可能会将贷款发放给卖家，但此时，卖家可能并未发货，甚至可能将贷款直接退还给申请人，或者只退还大部分款项给申请人，自己留下一部分，并分给中介一些。在这个过程中，三方都从贷款中获益，这使得这笔贷款极易变为坏账。通过比较正常贷款流程与欺诈贷款模式，可以看出角色信息在欺诈检测中是非常重要的。

在分析具体的欺诈案例时，发现欺诈申请人通常与中介和买家保持频繁的联系，这与之前发现的模式是一致的。具体来说，首先收集了每种申请人在各种关系下的邻居角色信息，然后模型会计算出申请人邻居中属于中介角色的数量。为了对比，取出了正常申请人和欺诈申请人在特定关系下的中介邻居数量的平均值。结果表明，欺诈申请人往往拥有更多的中介邻居。这说明，模型可以借助角色信息来辅助区分正常申请人和欺诈申请人，因此，期望模型能够捕捉到这些角色信息。

接下来是模型构建环节。为了解决欺诈检测分类问题，需要利用社交关系网络，因此，选择了 GNN 模型。为了更准确地包含角色信息，研究者提出了利用条件随机场（conditional random field，CRF）来添加对角色信息的约束。另外，发现关系的建立时间与申请时间之间的时间间隔对结果影响也非常重要。因此，决定采用注意力机制来建模这种时间间隔关系。

在模型构建过程中，首先，为申请人提取出关系网络，并设定关系建立时间与申请时间之间的间隔。然后，根据这个时间间隔将关系网络划分为两部分。由于与不同角色用户的关系可以提高分类效果，因此，对每一部分都使用了一个 GNN 模型，并结合 CRF 算法来约束学习申请人的角色表示。

为什么不直接使用 GNN 模型？实际上，传统方法中的 GNN 也可以学习到角色的表示，但通常将角色作为一维属性进行处理。为什么不使用异质图？因为问题中的角色信息通常是一个属性信息，即每个节点的属性空间是相同的。无论是用户、卖家还是中介，他们都是平台上的普通用户，具有相同的属性空间，如年龄、性别等属性都只是角色属性上的取值。因此，设计的是一个同质图。传统方法处理同质图通常将决策信息视为一维特征，并将其与其他特征等同看待，然而，本节设计的检测模型的目标是强调角色信息的重要性。因此，在该模型中，不仅使用了一个 GNN 模型，还加入了 CRF 约束，设计出了 CBlock 模型。

CBlock 模型可以学习目标节点的表示。也就是说，在不同的时间片上和不同的关系上，目标节点得到了多种表示。接下来，需要对这些表示进行聚合。该模型使用了常规的注意力机制，对时间片进行聚合，并对不同的关系类型进行聚合。

接下来，将详细介绍 CBlock 模型的具体实现。CBlock 模型的目标是在 CRF 约束下感知角色信息，并聚合邻居的表示。它可以分为三个步骤。首先，要聚合目标节点，即申请人的邻居信息。其次，模型对每个节点的原始属性进行特征变换，将其压缩为一个新的表示。最后，在新的表示上增加 CRF 约束，得到更新后的表示。通过这些步骤，相同角色的节点表示会具有相似性，而不同角色的节点表示则会有所差异。在 CRF 约束后的表示上，使用图结构计算两个节点之间的权重，并基于这些权重对邻居节点进行聚合。

CRF 约束是如何实现的？在 CBlock 模型中，目标为使用 CRF 约束学习到一个角色感知的表示。观察图 9-9 所示的例子。

图 9-9 中的每个框可以视为一个表示空间，深色节点代表申请人，其他节点都是申请人的邻居。节点旁边的横条表示节点的属性，即该节点的表示。假设每个节点的表示与其角色无关，即每个节点的表示和他的角色关系很弱，这会导致什么样的情况呢？对于欺诈申请人和非欺诈申请人而言，尽管他们的邻居的角色不同，但是由于邻居的表示与角色无关，可能在聚合后导致两个节点被映射到了相同的位置，使得两个节点在通过邻居聚合后难以区分。

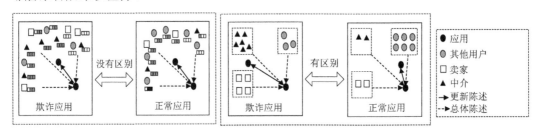

图 9-9　CRF 约束示例

如果节点的表示和角色相关，通过前面的数据分析已经得到欺诈申请人通常与更多的中介还有卖家存在连接，因此，当欺诈申请人有更多的中介和卖家邻居时，在通过邻居聚合后，其表示会倾向于往中介和卖家这个方向趋近。正常的申请人主要与其他用户互动，既不属于卖家也不属于中介，因此其节点的表示会往其他方向趋近，即如果节点的表示和角色相关，则通过邻居聚合的方式，模型就可以区分正常的申请人和欺诈的申请人。所以，图 9-9 指明了节点的表示需要与角色相关，因此模型引入了如下两个函数，作为 CRF 中的约束项。

$$\psi_u\left(\boldsymbol{H}_u, \boldsymbol{X}_u'\right) = \left\|\boldsymbol{H}_u - \boldsymbol{X}_u'\right\|_2^2 \to 0 \tag{9-3}$$

$$\psi_p\left(\boldsymbol{H}_u, \boldsymbol{H}_v\right) = f_{uv} \left\| \boldsymbol{H}_u - \boldsymbol{H}_v \right\|_2^2 \to 0 \qquad (9\text{-}4)$$

其中，$\boldsymbol{X}_u'$ 就是对原始属性经过特征变换以后得到的表示；$\boldsymbol{H}_u$ 是通过 CRF 约束以后得到的表示。通过之前的分析，表示要满足上述两式，第一个式子表达的是 $\boldsymbol{H}_u$ 要尽可能贴近 $\boldsymbol{X}_u'$，简单来说，节点表示的位置可以动，但还要尽可能多地保留节点的原始信息。式（9-4）中的 f_{uv} 指的是节点 u、v 是否是同一个角色。如果是同一个角色，f_{uv} 就取 1；如果不是，f_{uv} 就取 0。式（9-4）的作用就是希望相同角色的节点其表示也比较相似。

把式（9-3）及式（9-4）作为 CRF 约束项进行优化，得到式（9-5）所示的闭式解。然后将该公式作为下一步约束的更新过程，即先得到 $\boldsymbol{X}_u'$ 经过特征变化后的每个节点表示，然后经过式（9-5）进行更新，得到 $\boldsymbol{H}_u$，使用该表示进行邻居聚合操作。

$$\boldsymbol{H}_u^{k+1} = \frac{\alpha \boldsymbol{X}_u' + \beta \sum_{v \in R(u)} f_{uv} \boldsymbol{H}_v^k}{\alpha + \beta \sum_{v \in R(u)} f_{uv}} \qquad (9\text{-}5)$$

其中，$\boldsymbol{H}_u^{k+1}$ 表示节点 u 最终经过 $k+1$ 层学习获得的表征；α 和 β 分别表示不同角色的权重占比。

9.2　图神经网络在反欺诈领域的应用

1. GNN 在水房卡提前预警中的应用

随着移动互联网的兴起，电信诈骗日益猖獗，违法者在骗取钱财之后会通过水房进行洗钱。目前围绕这些水房卡，背后已经形成了比较完整的产业链。例如，现在有职业开卡人组织一些低收入人群去各个大银行开户，然后将这些银行卡卖给卡商，卡商还会通过一系列的流转，流转之后再流入水房进行洗钱。但在流转过程中，这些卡商为保证银行卡是可用的，会先进行测试。因此会产生一些数据，基于这些数据进行分析，可以实现对水房卡的提前预警。

对水房卡提前预警的另一个原因是这些用于洗钱的水房卡一般使用周期都较短，通常为几天到一两周不等，且洗钱的速度相当迅速，这就导致用户被骗之后，再进行报案并冻结银行卡时会错过冻结的黄金时期。因此，被骗的人很难追回被骗的资金。

针对这一热点，有学者思考能否使用与图相关的知识来解决该问题，并设计了时序异构图结构，将时序关系引入异构图中，通过丰富图中的节点及边的特征来提升 GNN 的学习效果。图 9-10 所示为根据小规模数据构建的时序异构图。

在图 9-10 中，时序异构图的时序关系主要体现了银行卡之间的时序关系。例如，不同时间点的银行卡节点被视为不同节点，并通过边的连接形成银行卡之间的时序关系。针对设备之间的时序关系也是如此，即不同的时间戳代表不同的节点，然后通过边的连接将这些节点联系起来。通过这种方法，就把时序关系引入了异构图中。图 9-11 与图 9-12 分别是用户与设备的时序关系示意图。

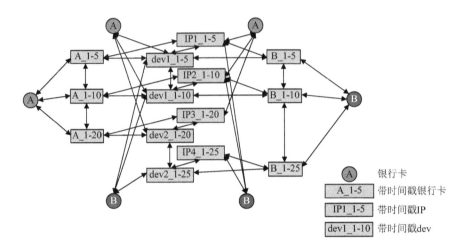

图 9-10　根据小规模数据构建的时序异构图

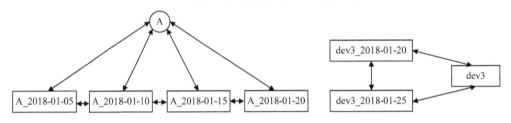

图 9-11　用户之间的时序关系示意图　　　　图 9-12　设备之间的时序关系示意图

构建异构图的原因是通过异构图可以发现更多的信息。如图 9-13（a）所示，A、B两张卡在两天内同时在两个设备上登录，那么这两张卡有可能被同一犯罪团伙掌握，且设备一和设备二都属于同一犯罪团伙所有。

此外，通过时序异构图还可以揭示一些异常行为。如图 9-13（b）所示，有一张银行卡在一个设备上，在一天之内，登录地点不停发生变化，这极有可能是利用了虚拟私人网络（virtual private network，VPN）技术，通过频繁更换 IP 地址来干扰风控预警。

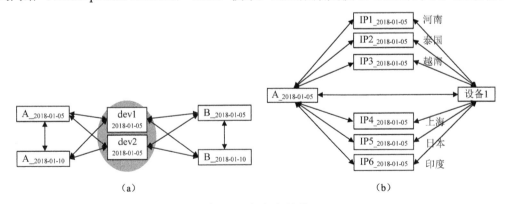

图 9-13　银行卡异常

通过时序异构图也可以进行信息扩散。如图 9-14 所示，可以通过设备节点将信息扩散到其他相关的银行卡节点，还可以通过一些身份信息扩散到同身份的其他卡、手机号和 IP 地址，但在针对 IP 地址时，由于 IP 地址不是固定的，可能随时发生改变，因此对 IP 地址会做时间限制。

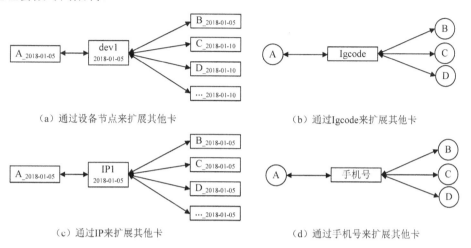

（a）通过设备节点来扩展其他卡　　　　　　　　　（b）通过 Igcode 来扩展其他卡

（c）通过 IP 来扩展其他卡　　　　　　　　　（d）通过手机号来扩展其他卡

图 9-14　时序异构图的信息扩散

如图 9-15 所示，银行卡 A 于 2018 年 1 月 5 日在地址 1 开卡，该地址 1 可能位于比较落后的地区，此用户可能本身经济状况并不理想，因此通过开卡和卖卡给卡商来赚取一定的经济收益。开卡之后，它会通过几层之间的流转，比如在 1 月 10 日的时候流转到地址 2，可能代表这张卡已经卖给了卡商，然后卡商会验证这张卡是否可用，之后这张卡又会卖给其他卡商，从而流转到地址 3 且在设备上进行验证，经过最后一层流转之后，这张银行卡最终进入水房，随后开始进行大量洗钱操作，不久之后，该银行卡就会被废弃。可以发现，通过这些虚构图可以比较完整地体现一个水房卡从开卡到最后操作的一个完整流程，因此时序异构图可以提前预警水房卡的存在。

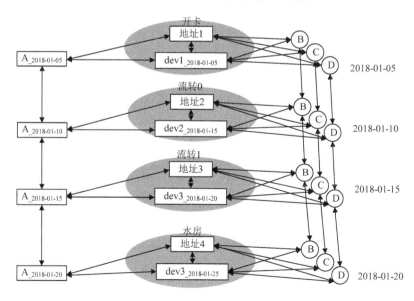

图 9-15　恶意水房卡流转流程

在进行异构图应用时，首先需要解决异类节点之间的特征维度可能不同的问题。因此针对每个异类的节点会训练一个矩阵，通过矩阵变换，将异类节点之间的特征映射到同一维度，从而便于进行特征聚合。同时在异类节点之间进行特征聚合时，引入注意力矩阵，即注意力机制，合理分配异类节点聚合时的权重，最后将邻居节点的权重和节点本身的特征进行拼接，得到该节点最终的嵌入，之后就可以连接一层 DNN 进行节点分类。

以上所述方法在水房卡预警方面的应用效果显著。在进行水房卡预警模型训练时，需要注意的一个重要方面是，针对不同时间戳采用不同的节点表示。在模型训练过程中，确保每个节点的所有时间节点都包含在同一个训练集中，能够有效地提高训练效果。

2. GNN 在恶意网址检测中的应用

在现实生活中，网络上遍布着各式各样的恶意网址，因此恶意网址的检测也是极其重要的。在通过前置页面发现恶意网址检测时会遇到一些难点，比如恶意前置页面特征不明显而导致恶意链接无法检出，因为现在许多网站的黑产会通过一些短链接或跳转的方式将用户引导至真正的恶意网站，最后就会导致前置页面特征基本为空，因为其本身就是个空白页面，基本上很难进行有效检测。

此外，还存在一个难点，即当前许多黑产行为在制作网页时通常采用全图页面的方式，这导致提取文本或网络文本特征变得非常困难。这类页面中的纯文本比例较低，而针对文本或 URL 等单位的工作数据也无法有效地进行刻画，因为有时可能会检测到文本内容缺失或 URL 特征不明显的情况。

为了解决该问题，最佳的方法是采用多维数据（如 URL、文本统计特征等）进行模型融合训练，以获取表征节点的向量表示。这样的综合方法能够更全面地描述节点的特征。在对 URL 特征进行词向量提取时，同时提取统计特征及文本特征的词向量。在提取词向量时，一般采用的方法是直接进行字符分词，因为很多 URL 字符串是很难利用一些分词工具进行合理分词的，所以直接运用字符分词，通过不同维度的卷积和来提取字符之间的关系。然后在对 URL 提取词向量时，使用 Text-CNN 模型统计特征，其中包含了一层 DNN，对文本也采用了 Text-CNN 模型。通过模型训练，最终得到了 URL Loss、统计特征 Loss 和文本的 Loss。通过将这三个步骤的 Loss 相加之后，再进行反向传播更新模型。最后，将词向量和统计特征进行拼接，得到 URL 向量和文本向量结合之后刻画的节点特征，该向量最终刻画的是 URL 节点的特征。

如前所述，多维度模型无法解决跳转或引用前置链接的特征，因为这些特征并不明显，所以导致无法检测出的问题。因此在构建异构图时会加入引用、跳转等关系，通过借助异构图的模型来实现覆盖。具体而言，在构建异构图时，会考虑加入一些归属关系，例如站点和域名之间的关系、域名和 IP 之间的关系，这些都是基本的归属关系。此外，还会加入一些跳转关系，如短链接跳转等。另外一层关系是引用关系，例如，很多非法网站会通过引用关系将流量导向带有某种目标的网站。还有一些是聚集关系，例如，许多黑色产业活动会在同一个 IP 下租用多个恶意站点的服务器。通过在构建异构图时引用这些关系，可以获得更加丰富的特征信息。

在构建异构图模型时，首先进行节点采样。通过从初始节点开始采样其度为 2 的邻居节点，然后在节点嵌入生成过程中，方向与节点采样相反。其次，对 2 度邻居节点进行节点聚合，通过矩阵变换将不同类别节点的特征映射到统一的维度。然后，通过注意力聚合，可以获取邻居节点的特征。按照类似的方式逐层向上进行，最终可以获得该节点的所有邻居节点特征信息。将这些特征信息与节点本身特征进行拼接后，可以得到最终的节点嵌入。通过添加一层 DNN，可以进行节点结果预测。

9.3　图神经网络的对抗攻防研究

图数据广泛存在于人们生活的环境中，比如社交网络和金融领域的网络等都是图数据的应用实例。近些年，图神经网络的发展速度非常快，并在许多任务中有卓越的表现。本节的内容将主要围绕以下两个方面展开：首先，鉴于当前的图神经网络在面对攻击时表现出的脆弱性，应如何在图数据上实施有效的防御策略？其次，对于攻击者来说，如何设计一种攻击方法，使得防守者难以发现？针对这两个问题，本节介绍两项相关的研究成果。

1. 基于图神经网络的防御

首先介绍针对图神经网络的防御模型，如上所述目前的金融模型对于攻击来说非常脆弱。如图 9-16 所示，通过删除中间笑脸节点的两条连边，即对高压节点进行攻击，那么该目标节点就会被误分类为左边类别的节点。为了抵御这种攻击，研究者提出了许多防御方法，但目前的防御方法通常仅对特定类型的攻击有效，这就使得攻击和防御之间形成了一场无休止的猫鼠游戏。此外，也有研究者提出了鲁棒性认证和鲁棒训练方法，旨在应对任何可能存在的攻击。但是目前的鲁棒训练方法有可能损害模型在干净图上的性能[18]。

图 9-16　对边的攻击

有研究者创新地提出了一种对抗免疫的思想，该思想和接种疫苗相类似。传统防御通常专注于对抗某类攻击，如果给一些节点进行疫苗的接种，在接种完疫苗以后，使得节点之间的连边关系没有办法发生变化，即保护边不被攻击。然后通过对某些边进行免疫，使得整个图在面临潜在攻击时具有一定的抵抗能力。在具体测算防御攻击的能力时，使用以往研究人员提出的可认证的鲁棒性的概念。

接下来具体介绍免疫边的方法。目标是通过对抗免疫来提高可认证的鲁棒性，即全图中鲁棒节点的比例。这里引用以往论文中鲁棒节点的定义，以节点分类为例[19]，计算公式如下：

$$m_{y_t,k_t}\left(t,\widetilde{G^*}\right) = \min_{k \neq y_t} m_{y_t,k}\left(t,\widetilde{G^*}\right) > 0 \tag{9-6}$$

$$m_{y_t,k}\left(t,\widetilde{G^*}\right)=\min_{\widetilde{G}\in Q_F}m_{y_t,k}\left(t,\widetilde{G^*}\right)=\min_{\widetilde{G}\in Q_F}\pi_{\widetilde{G}}\left(e_t\right)\left(\boldsymbol{H}_{:,y_t}-\boldsymbol{H}_{:,k}\right)>0 \qquad (9\text{-}7)$$

其中，将 π 看作是在干净图上训练好的 GNN 模型，将 $\widetilde{G}$ 看成对图的扰动。对于目标节点 t 来说，当 GNN 模型正在学习最差的扰动图，也就是 $\widetilde{G^*}$ 时，如果它对于该目标节点的预测，也就是在 y_t 上，依然比其他标签以外的值大，即预测之差大于零，就可以将该节点视为一个鲁棒节点。

$$\max_{\varepsilon_c\in S_c}\min_{k\neq y_t}m_{y_t,k}\left(t,\hat{G}\right) \qquad (9\text{-}8)$$

如果希望提高鲁棒节点的比例，需要求得该式的最大值，实质上是一个最大最小值的问题。式中的 min 表示鲁棒认证模型寻找最差的扰动图以定义节点的鲁棒性，而 max 表示寻找免疫边以提升鲁棒节点的比例。ε 指的是免疫边，即需要控制哪些边，使得节点对之间的连边关系不发生变化。具体而言，如果原来没有连边，现在也不应增加连边，如果原来有连边，那现在该连边也不应该被攻击者移除。S_c 实际上提供的是一个免疫边的可选集合，并且公式还对免疫边的最大数量进行了约束，这是因为不可能把整个图上所有的边进行免疫，而是需要保留原始图，因此，必须要给免疫边的数量设置一个上限，用变量 c 表示最大免疫边的条数。$\hat{G}$ 指的是修改后的图，它包括扰动边和免疫边。然后是如何寻找免疫边，即寻找 ε_c 的问题。

但是寻找过程并不直观。存在两个挑战：第一个挑战是免疫边的可选集合是 n^2，n 是节点的个数，那任意两个节点之间都可以有一条免疫边。所以如果想得到 c 的免疫边，实际上需要大小为 n^2 的搜索空间，这将导致非常高的复杂度。第二个挑战源于边的离散性质，即对于每个边，它是非零即一的，对于离散这种情况，在优化时会出现不可导的问题。那针对这两个挑战如何去解决呢？

研究者提出了对抗免疫的方法。首先把 max、min 集合的组合优化问题转化为矩阵的问题，$\boldsymbol{A}_c$ 表示的是免疫图的矩阵形式。以图 9-17 为例，如果攻击者试图攻击节点 1、2 和节点 1、4 之间的连边，那攻击者就会把这两条边去掉。如果此时免疫者希望免疫节点 1、2 之间的连边，就会将对应矩阵中节点 1、2 的位置置为零，该零值会使此边免疫，从而将攻击者在节点 1、2 上的操作过滤，免疫该攻击所造成的影响。

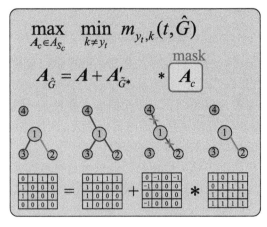

图 9-17　对抗免疫

因此，该免疫图矩阵可以视为一个 max 矩阵，通过它过滤攻击者的影响。这种矩阵方式将原本计算复杂度较高的集合组合的优化问题转换为离散矩阵的优化问题。

经过上述转换，现在依然是离散的优化问题，那么如何规避不可导的问题呢？实际上，可以采用之前研究者提出的原梯度的方法来获取免疫图矩阵。例如，对 min 函数进行求导，找到一条能使其下降最快的边。然而，直接执行梯度优化可能会引发矩阵 A_c 内出现小数的问题。而实际上，该矩阵是一个免疫矩阵，即其元素应为二值化的状态，要么免疫某条边（置为 1），要么不免疫（保持为 0）。因此，存在小数就代表它不再是一个免疫矩阵。于是，将其转化为一个离散的梯度优化问题，即对梯度求 max，也就是在所有的边上计算梯度，然后贪心地选择梯度最大的边进行免疫，并将其添加到扰动图中。这样，相当于获得了新加入一条免疫边后的扰动图，接着在新图基础上重新计算梯度，重复上述步骤，贪心地寻找到所有的免疫边。

在整个对抗免疫的训练过程中，要先在干净图上训练一个代理模型。由于在实际的攻击防御过程中很难获得真实模型，因此预先训练一个代理模型来模拟被攻击的模型。接着使用这个代理模型和鲁棒认证模型来生成一个最差的扰动图。基于这个最差的扰动图和原梯度的思想，采用贪心策略来寻找免疫边，然后将这些免疫边汇集起来，构成免疫图。在测试阶段，将免疫图作为一个掩码矩阵，用来保护免疫边不被修改。通过比较增加免疫边后的鲁棒节点比例，评估免疫图的效果。与此同时，还存在其他寻找免疫边的方法，比如从攻击边集合中随机查找，或者选择介数较大的边作为免疫边。

2. 基于图神经网络的攻击

目前的 GNN 被证明非常容易受到对抗攻击。如图 9-18 所示，攻击者通过添加节点 1、4 之间的连边，并且通过修改节点 4 的节点属性，可能会导致节点 3 被误分类，但是这种攻击是难以实现的，因为这种攻击实际上是修改图上已经存在的节点和连边，攻击方很难控制图上已有的节点和连边，这时一种新的攻击方式就出现了，这种攻击叫作节点注入攻击[20]。

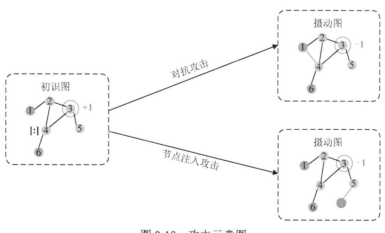

图 9-18　攻击示意图

节点注入攻击指的是通过给图增加新的节点和连边，从而修改原始图上的类别。例如，在图 9-18 中增加一个新的节点，并且使其与节点 5 连边，也可以使节点 3 被误分类。这种方法更具实际可行性，因为它作为供给方，可以通过购买账号或自行注册等方式新增一些节点。再通过建立连接关系，如主动关注或跟随某个人，增加一些连边，这样的节点注入的攻击方法，在真实场景下更为实用。

但是目前的节点注入攻击方法存在一些缺陷。首先，过度注入节点可能会引起网络防御系统的警觉。此外，如果攻击者试图与特定节点建立连接，防御系统也能察觉到此行为。故现有的攻击方法，通常是很难做到无感知的攻击，很容易被检测到。其次，现有的攻击方法比较侧重于注入攻击的场景，即需要在注入恶意节点的标签上重新训练 GNN 模型，在实际场景中，这一点非常困难，因为攻击者难以了解真实系统的标签体系，进而很难为注入节点标记标签。而且在该场景下，如社交网络上，当攻击者有一个恶意注入节点来跟踪其他用户时，实际上很难检测到攻击者的存在。因此，攻击者的成本非常低，且难以被察觉到[21]。

图 9-19 所示为社交网络上的一个子图。浅色节点表示的是可以被原 GNN 模型正确分类的节点，深色节点表示的是被误分类的节点，此时注入了一个节点，即节点 INJ，同时也注入了一条连边，即与该节点的连边。在该新图中，不再重新训练模型，而是直接运行 GNN 模型，可以发现此时许多节点都被误分类了。这表明其实单节点的注入攻击可能已经起到了显著的效果，并证明了单节点注入攻击的潜力。

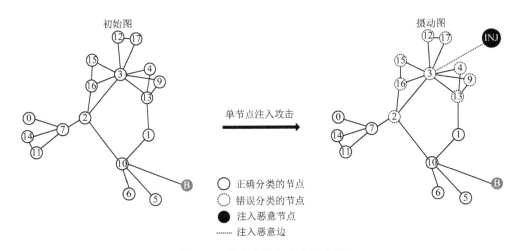

图 9-19　单节点注入攻击示意图

如何具体执行单节点注入攻击？首先，需要明确攻击目标，即通过注入一个节点最大化原始 GNN 模型在目标节点集合上的误分类率。

$$\max_{G'} \sum_{t \in V_{\text{tar}}} I\big(F_{\theta*}(G',t) \neq y_t\big) \tag{9-9}$$

如式（9-9）所示，V_{tar} 可以视为要攻击的节点，即目标节点集合；$F_{\theta*}$ 指的是在干净图上训练好的 GNN 模型；G' 是一个扰动图，既包含注入节点，也包含注入边。注入意思是指在干净的节点集合、边集合和属性集合上添加一个新的节点、连边以及节点属性。通过最大化该式，使得 $F_{\theta*}$ 这个 GNN 模型对于 t 节点的预测不等于它的正确标签 y_t。

尽管上述问题已经得到解决，但解决方法并不直观。首先，边具有离散性，与前文所述类似，会导致在梯度优化过程中出现不可导的问题。其次，不同网络数据的属性差异非常大，大多数网络（如社交网络等）使用连续属性来表示节点含义，但某些网络（如引文网络）的属性可能也是离散的，如基于词袋模型的离散属性空间。因为通常在使用 GNN 模型时，属性和结构是耦合的，那怎么在进行单节点注入时，既要生成节点属性，又要生成节点的连边，怎么联合模型注入节点的属性和连边关系成为需要解决的挑战。

面临这些挑战，研究者提出了一种创新且直接的方法——基于优化的节点注入攻击[22]，名为 OPTI 模型。该方法的主要目标是证实单节点注入方法的有效性。更具体地讲，这个方法将注入节点的属性和连边都视为模型需要学习的参数，进而构建了一个非参数化的模型。这就意味着，节点的属性和连边都被视为模型中需要优化的参数。同时，需要攻击的节点与目标函数的联合作为损失函数，以优化注入节点的属性和连边。

该算法存在一个问题，因为 OPTI 模型是一种基于优化的方法，在给定每个目标节点时，通过学习注入节点属性和连边的一组参数，那么每次出现一个目标节点，就需要重新优化模型，然后得到注入节点的属性和连边，这样就会导致算法的时间复杂度过高。

为了解决这个问题，提出了一种泛化的节点注入攻击模型，该模型称为 G-NIA。该模型的目标是在保证攻击的性能不过于低劣的前提下，相比 OPTI 这种单纯优化的模型稍微差一些。因为 OPTI 是对于每个新产生的节点都需要优化，而 G-NIA 模型实际上具有泛化性，可以允许性能稍微差一些，但仍需保持在一个可接受的范围内。同时要有比较高的效率，即进行攻击时，无须为每个目标攻击都重新优化，这是 G-NIA 模型希望实现的目标。

G-NIA 模型具有以下一些优点。其一是高效率；其二是表示的能力强，能够有效地捕捉属性和结构之间的依赖关系，并在模型中进行建模和表达。

假设目标表示（target representation）指的是要攻击的节点[23]，它在原始 GNN 模型上的表示为该节点的类别表示和最容易被误分类的类别表示，并进行拼接，通过特征变换函数，就可以得到一个属性空间，即直接映射为一个属性向量。然后，将属性向量重新生成边的输入。训练阶段包括三个部分：第一部分是属性生成，第二部分是边的生成，第三部分是优化阶段。在测试阶段时，可以直接调用模型，提供待攻击的节点和其对应的类别信息，然后可以获取注入节点的属性和连边，从而得到攻击者能够产生的攻击图。

具体每部分而言，属性生成[24]就是将目标节点在原始 GNN 模型上的表示和它的类别表示进行拼接，再由两层神经网络通过映射，将它映射到属性空间上，然后就会得到注入节点的属性，输出就为注入节点的属性。再将注入节点的属性与目标节点的表示和类别信息进行拼接，同时，再拼接上候选节点表示（candidate node representation）作为边生成的一个输入。这一部分的目的是生成一条边，现在已有注入节点，下一步需要考虑将注入节点与图中其他节点关联起来。又因为攻击者知道哪些节点将被攻击，且通常用一个两层的 GNN 模型，如果攻击者希望目标节点被 GNN 误分类，必须使注入节点在目标节点的两跳范围内[25]。也就是说，因为攻击者一般使用的是两层 GNN 模型，每个节点只能观察到自己的两跳邻居，所以注入节点必须是在目标节点的两跳范围内。为了使注入节点在目标节点的两跳范围内，将候选节点定义为目标节点和其一阶邻居。当候选节点是目标节点和其一阶邻居时，将注入节点和候选节点相联系，注入节点就在该目标节点的两跳范围内了。最后，将这些候选节点属性信息在原始 GNN 模型中的表示信息进行拼接，并通过特征变化过程进行处理，从而得到了一个表示。这个表示指的是每个候选节点具有的一个取值，通常为小数，使用某种思想将它转换成近似 0 或 1 的值[26]，其思想的本质就是把连续的空间变成离散的，且能避免不可导问题。通过上述步骤就得到注入节点的属性，并确定注入节点需要和哪些候选节点进行连边。

完成上述两步就可以利用注入节点及连边得到扰动图[27]，再把扰动图输入原始 GNN 模型中，以计算该攻击的 Loss 值，然后用该 Loss 优化前面的属性和连边生成的模型，这就是 G-NIA 的整个工作流程。

当然，G-NIA 的方法没有 OPTI 的方法效果好，这是因为 OPTI 是一个直接优化的方法，而 OPTI 算法时间复杂度很高，导致其效率低下。

参 考 文 献

[1] LIU Z, CHEN C, YANG X, et al. Heterogeneous graph neural networks for malicious account detection[C]//The Twenty-seventh ACM International Conference on Information and Knowledge Management. Torino: ACM, 2018: 2077-2085.

[2] MA J, ZHANG D, WANG Y, et al. GraphRAD: A graph-based risky account detection system[C]//The Twenty-fourth ACM SIGKDD Conference. London: ACM. 2018: 9-12.

[3] LIU Z, CHEN C, YANG X, et al. Heterogeneous graph neural networks for malicious account detection[C]//The Twenty-seventh ACM International Conference on Information and Knowledge Management. Torino: ACM, 2018: 2077-2085.

[4] LIU Z, CHEN C, LI L, et al. Geniepath: Graph neural networks with adaptive receptive paths[C]//The Thirty-third AAAI Conference on Artificial Intelligence. Honolulu: AAAI, 2019: 4424-4431.

[5] LIANG C, LIU Z, LIU B, et al. Uncovering insurance fraud conspiracy with network learning[C]//The Forty-second International ACM SIGIR Conference on Research and Development in Information Retrieval. Paris: ACM, 2019: 1181-1184.

[6] WEBER M, DOMENICONI G, CHEN J, et al. Anti-money laundering in bitcoin: Experimenting with graph convolutional networks for financial forensics[J]. arXiv Preprint arXiv:1908.02591, 2019.

[7] LI A, QIN Z, LIU R, et al. Spam review detection with graph convolutional networks[C]//The Twenty-eighth ACM International Conference on Information and Knowledge Management. Beijing: ACM, 2019: 2703-2711.

[8] ZHANG Y, FAN Y, YE Y, et al. Key player identification in underground forums over attributed heterogeneous information network embedding framework[C]//The Twenty-eighth ACM International Conference on Information and Knowledge Management. Beijing: ACM, 2019: 549-558.

[9] WANG D, LIN J, CUI P, et al. A semi-supervised graph attentive network for financial fraud detection[C]//The Nineteenth IEEE International Conference on Data Mining. Beijing: IEEE, 2019: 598-607.

[10] BIAN T, XIAO X, XU T, et al. Rumor detection on social media with bi-directional graph convolutional networks[C]//The thirty-fourth AAAI Conference on Artificial Intelligence. Washington DC: AAAI, 2020:549-556.

[11] ZHANG S, YIN H, CHEN T, et al. Gcn-based user representation learning for unifying robust recommendation and fraudster detection[C]//The Forty-third International ACM SIGIR Conference on Research and Development in Information Retrieval. Virtual Event: ACM, 2020: 689-698.

[12] Zhao T, Deng C, Yu K, et al. Error-bounded graph anomaly loss for GNNs[C]//The Twenty-ninth ACM International Conference on Information & Knowledge Management. Virtual Event: ACM, 2020: 1873-1882.

[13] LIANG T, ZENG G, ZHONG Q, et al. Credit risk and limits forecasting in e-commerce consumer lending service via multi-view-aware mixture-of-experts nets[C]//The Fourteenth ACM International Conference on Web Search and Data Mining.

Virtual Event: ACM, 2021: 229-237.

[14] WANG X, LYU D, LI M, et al. Apan: Asynchronous propagation attention network for real-time temporal graph embedding[C]// The Twenty-sixth International Conference on Management of Data. Virtual Event: ACM, 2021: 2628-2638.

[15] WANG Y, ZHANG J, GUO S, et al. Decoupling representation learning and classification for gnn-based anomaly detection[C]// The Forty-fourth International ACM SIGIR Conference on Research and Development in Information Retrieval, Virtual Event: ACM, 2021: 1239-1248.

[16] LIU C, SUN L, AO X, et al. Intention-aware heterogeneous graph attention networks for fraud transactions detection[C]//The Twenty-seventh ACM SIGKDD Conference on Knowledge Discovery & Data Mining, Virtual Event: ACM, 2021: 3280-3288.

[17] DOU Y, LIU Z, SUN L, et al. Enhancing Graph Neural Network-based Fraud Detectors Against Camouflaged Fraudsters[C]// The Twenty-ninth ACM International Conference on Information & Knowledge Management. Virtual Event: ACM, 2020: 315-324.

[18] TANG X, LI Y, SUN Y, et al. Transferring Robustness for Graph Neural Network Against Poisoning Attacks[C]//The Thirteenth International Conference on Web Search and Data Mining, Houston: ACM, 2020: 600-608.

[19] ZHU D, ZHANG Z, CUI P, et al. Robust Graph Convolutional Networks Against Adversarial Attacks[C]//The Twenty-fifth ACM SIGKDD International Conference on Knowledge Discovery & Data Mining. Anchorage: ACM, 2019: 1399-1407.

[20] ZÜGNER D, AKBARNEJAD A, GÜNNEMANN S. Adversarial Attacks on Neural Networks for Graph Data[C]//The Twenty-fourth ACM SIGKDD International Conference on Knowledge Discovery & Data Mining. London: ACM, 2018: 2847-2856.

[21] FANG M H, YANG G L, GONG N Z, et al. Poisoning Attacks to Graph-based Recommender Systems[C]//The Thirty-fourth Annual Computer Security Applications Conference. San Juan PR: ACM, 2018: 381-392.

[22] LUO X Y, HE J N, WANG X Y, et al. Research on topology optimization of resilient defense strategy against false data injection attack in smart grid[J]. Acta Automatica Sinica, 2023, 49(6): 1315-1327.

[23] MAGGIO E, CAVALLARO A. Multi-part target representation for color tracking[C]//The Twelfth IEEE International Conference on Image Processing. Genoa: IEEE, 2005, 1: I-729.

[24] WANG Z H, SHEN H W, CAO Q, et al. Survey on graph classification[J]. Journal of Software, 2022, 33(1): 171-192.

[25] CHEN J Y, ZHANG D J, HUANG G H, et al. Adversarial attack and defense on graph neural networks: a survey[J]. Chinese Journal of Network and Information Security, 2021, 7(3): 1-28.

[26] WU Y T, LIU W, YU H T. Label flipping adversarial attack on graph neural network[J]. Journal on Communications, 2021, 42(9): 65-74.

[27] JIN P W, HUANG J, JIANG X B, et al. Automatic recognition and classification of construction projects' disturbed patches based on deep learning[J]. Science of Soil and Water Conservation, 2022, 20(6): 116-125.

第10章　生物计算与图神经网络

生物计算是一种受到生物学启发的计算方法，试图模拟生物系统的结构和功能，以解决复杂的计算和优化问题。图神经网络正是受到大脑神经元之间相互连接的启发而发展起来的一种深度学习模型。因此，图神经网络与生物计算之间存在着一定的联系和共通之处。类似于大脑中的神经元网络，图神经网络将数据表示为图结构，其中节点和边可以类比为神经元和突触之间的连接。图神经网络通过学习图中节点之间的关系和信息传递，实现对复杂数据的推理和学习，这与生物系统中神经元之间的信息传递和学习过程有着异曲同工之妙。因此，图神经网络的发展不仅推动了计算机科学领域对图数据处理能力的提升，也为生物计算提供了新的启示。图神经网络与生物计算之间存在着相互启发和交叉融合的关系，有望为未来的计算科学和生物学研究带来更多的创新和突破。

10.1　图神经网络在生物计算领域的应用

1. 生物计算中的图神经网络技术

图神经网络是指在图数据上进行预训练的技术。图数据是指由节点和边组成的图结构数据，其中节点表示实体，边表示实体之间的关系。图神经网络可以通过在图数据上学习图的表示，从而提高图模型的性能。图神经网络也称为图预训练技术。

由于生物领域带标注的数据稀少，目前能获得的数据量只有成药性 ADMET 数据量、蛋白质结构数据量和单靶点亲和力数据量，如表 10-1 所示[1-2]，而深度学习的算法需要大量的数据，因此，数据成为深度学习在生物领域中应用的一大瓶颈。

表 10-1　生物领域部分带标注数据量统计

数据名称	数据量
成药性 ADMET	约 10 万
蛋白质结构	约 20 万
单靶点亲和力	约 1 万

为了解决生物领域数据稀少的问题，通过对大规模的无标注数据进行预训练学习，经多个自监督任务学习化合物和蛋白质的表示，并对少量带标注的数据进行微调，最后达到增强泛化的目的，具体流程如图 10-1 所示[3]。

在自然语言处理、图像处理、语音识别等领域，预训练技术已经相对成熟。将文本、图像和语音等无标注数据构造成自监督学习任务，通过在相对应的预训练深度神经网络的模型中进行训练，然后应用相应专业技术（智能对话、人脸识别、语音搜索等）进行微调。然而，在生物计算领域中的预训练任务主要是让计算机理解生化基础知识，如原子间能形成什么样的化学键、某个化合物中的原子能否替换成其他原子等。

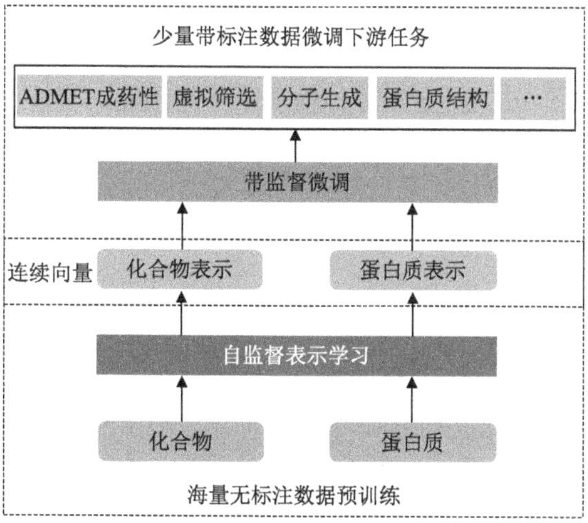

少量带标注数据微调下游任务

| ADMET成药性 | 虚拟筛选 | 分子生成 | 蛋白质结构 | … |

带监督微调

连续向量　化合物表示　蛋白质表示

自监督表示学习

化合物　蛋白质

海量无标注数据预训练

图 10-1　图神经网络训练流程图

自监督学习任务主要是使用一部分信息去预测另一部分信息，在自然语言处理方面，其主要用来预测句子中被隐藏的词；在图像处理方面，其主要用来预测图像缺失的部分，将不完整的图像进行训练，并将训练结果进行输出，具体流程如图 10-2 所示。受到这一启发，在生物计算中，可以将化合物等表示为序列或图网络等形式，或将 DNA、RNA 和蛋白质转化为序列等模式后，进而通过自监督学习进行训练。

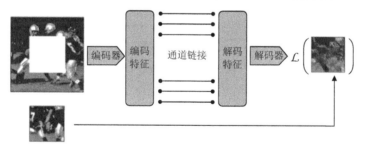

编码器　编码特征　通道链接　解码特征　解码器 $\mathcal{L}$

图 10-2　图像处理中的自监督学习

2. 图预训练学习化合物表示

若将一个化合物看作一个图，则化合物中的原子就是图中的节点，化合物中的化学键就是图中的边。基于图的理论，近年来，在生物计算领域，出现了许多预训练的相关方法，如 2020 年斯坦福大学提出的 PretrainGNN[4]、腾讯提出的 GROVER、清华大学等提出的 MPG 等；2021 年百度提出的 ChemRL-GEM。PretrainGNN 方法设计了节点级别的自监督学习任务，同时也提出了图级别的自监督学习任务。该方法假设如果在预训练的过程中，只考虑节点级别的嵌入时，达到了很好的效果，可以将不同的原子区分开，但在化合物的区分上，并不能有很好的表示结果。该方法还假设只考虑图级别的预训练时，虽然可以很好地区分化合物，但无法很好地区分原子。基于这两种假设，斯坦福大学提出了基于节点级别和图级别的自监督预训练学习方法 PretrainGNN。

另外，PretrainGNN 提出了两种基于节点级别的预训练任务。第一种借鉴了自然语言处理的方法，将谱网络中的节点或边的属性进行隐藏，之后对其属性进行预估，如图 10-3 所示。第二种是上下文预测，学习化合物上下文的信息。

彩图 10-3

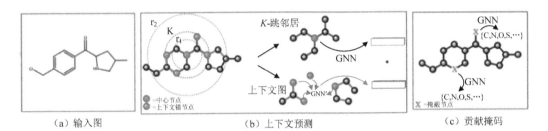

（a）输入图 　　　　　　　　（b）上下文预测 　　　　　　　（c）贡献掩码

图 10-3　PretrainGNN 学习流程

GROVER 基于 PretrainGNN 做了一些改进，是一种在节点级别中将隐藏边和点变成隐藏子图的方式。在图级别上，提出了一种较为新颖的方法，将整个图嵌入表示之后，预测在图中包含子结构的类别。

预训练则是用对比学习的方式学习化合物的表示，将两个化合物分别划分为两块，并将两个化合物进行重组，再判断重组后的化合物是不是由两个化合物重组生成的。

上述方法虽然都借鉴了自然语言处理、图像处理领域中比较成熟的自监督学习的方法，但都忽略了生物信息领域的特点，如化合物的三维空间结构，不同化合物中具有一样的拓扑结构，但化合物的三维空间结构可能是不一样的。针对这一问题，百度提出了一种新的基于自监督的预训练方法——ChemRL-GEM。

ChemRL-GEM 使用两个图网络 Atom-bond graph 和 Bond-angle graph 去分析化合物的三维空间结构信息[5]，如图 10-4 所示。

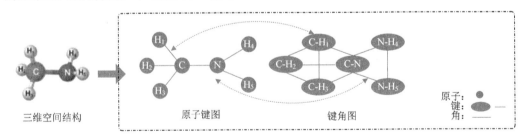

三维空间结构 　　　　　　原子键图 　　　　　　键角图

图 10-4　ChemRL-GEM

ChemRL-GEM 通过构造几种自监督学习任务从大量的无标注的数据中学习基础的化学知识，如化合物的三维结构信息——预测键长、预测键角以及预测两原子 3D 距离等。ChemRL-GEM 方法的效果较其他方法有较大提升。

彩图 10-4

3. 图预训练在下游任务中的应用

1）成药性 ADMET 预测

一种化合物能否成为药物，实际上受到许多因素的影响。在成药性 ADMET 预测研究中列举出了一部分类别的影响因素，如 Absorption（吸收）、Distribution（分布）、Metabolism（代谢）、Excretion（排出）、Toxicity（毒性）等。由百度提出的预训练技术的成药性 ADMET 预测模型可以预测超过 50 项的指标，准确率超过现有的 ADMET 平台[6]。

2）蛋白质化合物亲和力预测

蛋白质与化合物的亲和力预测在药物发现领域占据着重要的位置。如图 10-5 所示，假定左侧部分代表蛋白质，中间部分代表化合物，那么右侧部分则代表了蛋白质和化合物之间的亲和力，也就是说，它反映出蛋白质和化合物结合的紧密程度。药物发现的过程可以简单地与搜索系统和推荐系统做类比。例如，药物发现中蛋白质和化合物的关系，可以与搜索系统中的查询和网页的关系做对比，也可以与推荐系统中用户与商品之间的关系做对比。与搜索系统、推荐系统一样，药物发现的核心目标实际上是在大量数据中筛选出能与蛋白质紧密结合的一些潜在药物[7]。

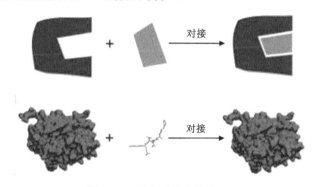

图 10-5　蛋白质化合物亲和力

4. 生物计算开源工具：螺旋桨（PaddleHelix）

PaddleHelix 是业界首个 AI 驱动的综合生物计算开源工具库，也是药物研发、疫苗设计和精准医疗的核心能力。PaddleHelix 主要包含平台服务和开源工具两大内容，由飞桨核心框架提供底层支持，并在计算和服务平台中提供了 10 项应用能力，在开源工具库中提供了 7 项应用和 10 个模型，其主要研究对象为化合物、蛋白质、基因型、表型和 RNA，以及它们之间的关系。

PaddleHelix 提供了便捷的特征抽取工具和模型预测接口，主要功能是将化合物转化为图结构，并进行预测。同时，PaddleHelix 也提供了简易的组网工具，可以将多种图网络通过模型配置文件快速地组网，并选择图模型，再选择对应的预训练技巧。通过实验发现，使用预训练在下游任务中取得了较好的表现。

10.2　基于梯度向量场的分子三维结构生成

1. 分子表示

分子的表示分为三种：1D SMILES、2D Molecular graphs 和更自然内在的表现形式 3D conformations，其中 3D conformations 决定了生物和身体的活动，如电荷分布、空间约束以及与其他分子的相互作用。

2. 空间结构预测

计算分子的 3D 结构是困难的且付出的代价是昂贵的，如何从稳定的二维分子图中去预测分子的 3D 构象是一项艰难的任务。传统的方法有三种：第一种是基于实验的方法，采用 X 射线结晶学的方法，该方法的时间复杂度很高，且计算昂贵；第二种是计算化学的方法，采用分子动力学的方法，该方法的计算时间复杂度也很高，尤其是对于一些大分子来说；第三种是启发式的算法，根据经验去规定两个原子之间的距离，这种算法的准确性较差。

除了传统的方法，还可以采用机器学习的方法。一个较为典型的模型是组合变分图自动编码（compositional variational graph auto-encoder，CVGAE）。在给定分子图的基础上，该模型训练一个预测分子构象的模型，并拟合其概率分布[8]。最后，模型使用可自动编码器（variational auto-encoder，VAE），包含编码器和解码器两部分：编码器利用图神经网络学习原子的潜在表示，而解码器则根据原子的表示预测原子坐标。CVGAE 的工作流程如图 10-6 所示。

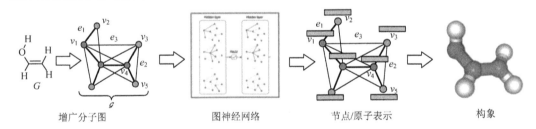

|增广分子图|图神经网络|节点/原子表示|构象|

图 10-6　CVGAE 模型

2020 年，有研究者在 CVAGE 的基础上提出了 GraphDG 方法，这种方法首先学习一个距离的生成模型，之后学习分子的构像，利用距离中间值变量，解决了旋转和平移不变性的问题，其框架如图 10-7 所示[9]。

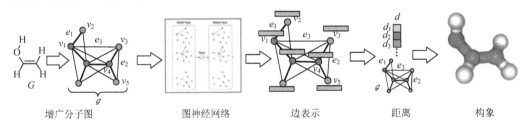

|增广分子图|图神经网络|边表示|距离|构象|

图 10-7　GraphDG 模型

后续工作中比较典型的模型是 CGCF，该方法将 VAE 替换成新的生成模型，并通过以下动态系统来定义分布：

$$d = F_\theta(d(t_0), G) = d(t_0) + \int_{t_0}^{t_1} f_\theta(d(t), t, G)\mathrm{d}t, \quad d(t_0) \sim N(0,1) \tag{10-1}$$

将构象定义为条件分布

$$p(R \mid d, G) = \frac{1}{z} \exp\left\{ -\sum_{e_{uv} \in \xi} \alpha_{uv} \left(\|r_u - r_v\|_2 - d_{uv} \right)^2 \right\} \tag{10-2}$$

虽然这些方法提供了如何构建分子的构象，但普遍存在以下一些问题。

在 CVGAE 中，构象的可能性不是旋转和平移不变的。GraphDG 和 CGCF 通过使用距离来解决这个问题，距离在旋转和平移下是不变的。基于距离的方法生成的输出（距离）是实际所需对象（原子坐标）的代理[10]。其中存在两个关键的限制：神经网络输出只能表示为下游使用的约束；在生成距离中的噪声可能会影响三维坐标重建，导致不准确甚至错误的结构。这促使研究者寻求一种新算法，即需要满足以下两个条件：C1，保持构象的旋转-平移等方差；C2，在单个阶段内生成构象。

为了解决上述问题，Fujisaki 提出了一种全新的方法 ConfGF[11]，受到分子动力学的启发，该方法直接学习对数密度梯度场与原子坐标的关系，可以看作是作用在原子上的伪力：

$$\nabla \log p(R \mid G) \tag{10-3}$$

通过朗之万动力学对随机初始化的三维结构迭代施加力生成样本（满足 C2），同时开发了一种算法来有效估计这些梯度，同时保持它们的旋转平移等方差（满足 C1）。

三维平移不变性是一个较为困难的挑战，先旋转后预测的结果应该与先预测后旋转的结构相一致：

$$F \circ \rho(x) = \rho \circ F(x) \tag{10-4}$$

为了解决三维旋转的不变性，ConfGF 提出了链式法则梯度传播：

$$\forall i, s_\theta(R)_i = \frac{\partial f_G(d)}{\partial r_i} = \sum_{(i,j), e_{ij} \in E} \frac{\partial f_G(d)}{\partial d_{ij}} \cdot \frac{\partial d_{ij}}{\partial r_i}$$
$$= \sum_{j \in N(i)} \frac{1}{d_{ij}} \cdot \frac{\partial f_G(d)}{\partial d_{ij}} \cdot (r_i - r_j) = \sum_{j \in N(i)} \frac{1}{d_{ij}} \cdot s_\theta(d)_{ij} \cdot (r_i - r_j) \tag{10-5}$$

其使用标准的去噪分数匹配来学习原子间距离梯度场，用不同大小的高斯噪声来扰动距离，并利用图神经网络将分数估计转化为边缘回归问题。训练的目标为

$$\frac{1}{2L} \sum_{i=1}^{L} \lambda(\sigma_i) \mathbb{E}_{p(d|G)} \mathbb{E}_{q_{\sigma_i(\tilde{d}|d,G)}} \left[\left\| \frac{s_\theta(\tilde{d})}{\sigma_i} + \frac{\tilde{d} - d}{\sigma_i^2} \right\|_2^2 \right] \tag{10-6}$$

给定当前构象 R，首先通过链式法则将梯度从 d 传播到 R，以计算原子梯度：

$$\forall i, s_\theta(R)_i = \sum_{j \in N(i)} \frac{1}{d_{ij}} \cdot s_\theta(d)_{ij} \cdot (r_i - r_j) \tag{10-7}$$

这个过程可以看作是计算原子的合力，且构象按原子梯度顺序更新。

ConfGF 在数据集 CEOM 和 ISO17 上进行实验，并将实验结果与 CVGAE、GraphDG、RDKit 方法进行对比，主要评估生成构象的质量和多样性，Coverage 参考集合中被生成

的构象中至少一个构象匹配的构象的百分数为

$$\text{COV}(\mathcal{S}_g(G), \mathcal{S}_r(G)) = \frac{1}{|\mathcal{S}_r|} \mid R \in \mathcal{S}_r \mid \text{RMSD}(R, R') < \delta, R' \in \mathcal{S}_g \mid \qquad (10\text{-}8)$$

并用 Matching 测量参考构象与生成构象中最近邻的平均距离：

$$\text{MAT}(\mathcal{S}_g(G), \mathcal{S}_r(G)) = \frac{1}{|\mathcal{S}_r|} \sum_{R' \in \mathcal{S}_r} \min_{R \in \mathcal{S}_g} \text{RMSD}(R, R') \qquad (10\text{-}9)$$

为了证明单阶段生成的有效性，采用了 ConfGF 的一个变体，称为 ConfGFDist，其工作方式类似于基于距离的方法。

基于距离的两阶段生成方法确实会损害构象的质量，而 ConfGF 的策略有效解决了这一问题[12]。根据生成的构象预测分子图的系综性质，通过聚合不同构象的性质来计算分子图的系综性质，可以被看作是构象生成的下游任务，并用平均绝对误差（mean absolute error，MAE）作为评价指标[13]。通过实验分析发现，ConfGF 的性能大大优于所有基于机器学习的方法，并在一些指标上达到了比 RDKit 更好的准确性。

单阶段框架避免了原子坐标（距离）代理的生成[14]，极大地提高了构象生成的性能。在绝对笛卡儿坐标上直接参数化分数网络，这依赖于任意选择的旋转和平移，而旋转和平移是影响分子构象变化的非必要自由度。原子间距离是原子坐标连续可微的，梯度可以从距离传播到笛卡儿坐标，并保持旋转–平移等方差。

参 考 文 献

[1] DUVENAUD D K, MACLAURIN D, IPARRAGUIRRE J, et al. Convolutional networks on graphs for learning molecular fingerprints[C]//The Twenty-eighth Conference on Neural Information Processing Systems. Montreal: Curran Associates, 2015:28-37.

[2] KEARNES S, MCCLOSKEY K, BERNDL M, et al. Molecular graph convolutions: moving beyond fingerprints[J]. Journal of Computer-aided Molecular Design, 2016, 30(8): 595-608.

[3] CHOI E, XU Z, LI Y, et al. Learning the graphical structure of electronic health records with graph convolutional transformer[C]//The Thirty-fourth AAAI Conference on Artificial Intelligence, New York: AAAI, 2020: 606-613.

[4] HU W, LIU B, GOMES J, et al. Strategies for pre-training graph neural networks[J]. arXiv Preprint arXiv:1905.12265, 2019.

[5] FANG X, LIU L, LEI J, et al. Chemrl-gem: Geometry enhanced molecular representation learning for property prediction[J]. arXiv Preprint arXiv:2106.06130, 2021.

[6] CHEN H, ENGKVIST O, WANG Y, et al. The rise of deep learning in drug discovery[J]. Drug Discovery Today, 2018, 23(6): 1241-1250.

[7] BALLESTER P J, MITCHELL J B O. A machine learning approach to predicting protein–ligand binding affinity with applications to molecular docking[J]. Bioinformatics, 2010, 26(9): 1169-1175.

[8] BAO J, CHEN D, WEN F, et al. CVAE-GAN: Fine-grained image generation through asymmetric training[C]//The Fifteenth IEEE International Conference on Computer Vision. Montreal: IEEE, 2017: 2745-2754.

[9] LUO S, SHI C, XU M, et al. Predicting molecular conformation via dynamic graph score matching[C]//The Thirty-fifth Conference on Neural Information Processing Systems. Virtual-only: Curran Associates, 2021:19784-19795.

[10] KIPF T N, WELLING M. Semi-supervised classification with graph convolutional networks[J]. arXiv Preprint arXiv:1609.02907, 2016.

[11] FUJISAKI H, SHIGA M, KIDERA A. Onsager–machlup action-based path sampling and its combination with replica exchange for diffusive and multiple pathways[J]. The Journal of Chemical Physics, 2010, 132(13): 134101.

[12] LUO S, SHI C, XU M, et al. Predicting molecular conformation via dynamic graph score matching[J]. Advances in Neural

Information Processing Systems, 2021, 34: 19784-19795.

[13] INGRAHAM J, GARG V K, BARZILAY R, et al. Generative models for graph-based protein design[C]//The Thirty-third International Conference on Neural Information Processing Systems. Vancouver: Curran Associates, 2019: 15820-15831.

[14] ZHANG Q Y, XU L. Atom pair space distance method and its application[J]. Chemical Journal of Chinese Universities, 2008, 29(7): 1438-1442.

第 11 章　图神经网络自适应学习

图神经网络自适应学习是指能根据不同图结构和任务自动调整模型结构与参数。自适应学习使得图神经网络能够处理各种复杂图数据，并在节点分类、图分类等任务中取得优异表现。本章总结了图神经网络自适应学习的相关研究，包括图神经结构搜索、图神经网络自适应学习研究和结合知识图谱的图神经网络自适应学习研究。

11.1　图神经结构搜索

神经结构搜索（neural architecture search，NAS）是一种自动化机器学习技术，用于寻找神经网络的最佳结构或架构，以解决特定任务或问题。传统上，神经网络的架构通常是由人工设计的，需要领域专家的知识和经验。然而现如今网络架构日益复杂，仅通过人工设计所付出的成本也日益巨大，因此现阶段神经结构搜索的研究目标是实现自动化这一过程，使计算机能够借助算法自动发现最佳的神经网络结构，从而提高模型的性能和效率。

神经结构搜索的方法涉及三个主要方面[1]：搜索空间、搜索策略、性能评估策略。在搜索空间中，定义了神经网络可能的结构，包括层数、每层的节点数、连接方式等。搜索策略负责在搜索空间中选择一个网络架构，这通常涉及使用启发式算法或者强化学习等技术。性能评估策略则用于评估选择的网络架构的性能，通常通过在验证集或测试集上进行准确度或其他指标的评估。

神经结构搜索的流程通常包括以下步骤。

（1）定义搜索空间：定义神经网络的结构可能的范围，包括层数、每层节点数、连接方式等。

（2）搜索策略选择：选择合适的搜索策略，如启发式搜索、遗传算法、强化学习等。

（3）生成候选架构：在定义的搜索空间中生成一个中间网络架构作为候选。

（4）性能评估：使用性能评估策略对候选架构进行性能度量，通常在验证集或测试集上进行评估。

（5）反馈和调整：将性能评估的结果反馈给搜索策略，指导搜索策略选择更好的网络架构。

（6）迭代优化：通过不断迭代以上步骤，逐渐发现最优的网络架构。

神经结构搜索的目的是通过自动化的方式，找到一个在给定任务上性能最佳的神经网络结构，从而减少人工设计网络结构的工作量，提高模型的性能和泛化能力。神经结构搜索的流程如图 11-1 所示。在预先设定的搜索空间中得到一个中间网络架构作为候选架构，通过性能评估策略对此候选架构进行性能度量，最后将测量结果反馈给搜索策略，不断重复搜索−评估的过程直到发现最优的网络架构。

神经结构搜索的主要优点是可以自动发现适用于特定任务的高性能神经网络结构，而无须人工设计。这可以节省大量的时间和精力，并提高了深度学习模型的性能。然而，神经结构搜索也面临一些挑战，如计算资源消耗大、搜索空间巨大、搜索过程复杂等。因此，研究人员一直在寻找更有效的神经结构搜索方法，以应对这些挑战。

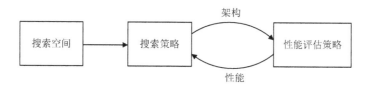

图 11-1　神经结构搜索流程

NAS 方法在图机器学习中的应用可以从三个方面进行比较[2]：搜索空间、搜索策略和性能估计策略。表 11-1 中总结了不同方法的特点。

表 11-1　不同 NAS 方法对比

方法	搜索空间					任务		搜索策略
	Micro	Macro	Pooling	HP	层数	节点	图	
GraphNAS	✓	✓	✗	✗	固定	✓	✗	RNN 控制器+RL
AGNN	✓	✓	✗	✗	变化	✓	✗	自设计控制器+RL
SNAG	✓	✓	✗	✗	固定	✓	✗	RNN 控制器+RL
PDNAS	✓	✓	✗	✗	固定	✓	✗	可微
POSE	✓	✓	✗	✗	固定	✓	✗	可微
NAS-GNN	✓	✓	✗	✓	固定	✓	✗	进化算法
AutoGraph	✓	✓	✗	✗	变化	✓	✗	进化算法
GeneticGNN	✓	✓	✗	✗	固定	✓	✗	进化算法
EGAN	✓	✓	✗	✓	固定	✓	✓	可微
NAS-GCN	✓	✓	✗	✗	固定	✗	✓	进化算法
LPGNAS	✓	✓	✓	✗	固定	✓	✗	可微
SAGS	✓	✓	✗	✗	变化	✓	✓	自设计算法
GNAS	✓	✓	✗	✗	固定	✓	✓	可微
AutoSTG	✗	✓	✗	✗	固定	✓	✗	可微
SDD	✓	✓	✗	✗	固定	✓	✗	可微
SANE	✓	✓	✗	✗	固定	✓	✗	可微
AutoAttend	✓	✓	✗	✗	固定	✓	✓	进化算法

① 搜索空间：在图机器学习中，搜索空间指的是可以选择的神经网络结构的范围。对于图数据，网络结构通常包括图卷积层的层数、每层的节点数、连接方式等。在 NAS 中，设计一个合适的搜索空间非常关键，以便自动发现适用于特定图数据任务的最佳网络结构。

② 搜索策略：搜索策略决定了如何在搜索空间中寻找最佳网络结构。这可以涉及启发式算法、遗传算法、强化学习等技术。搜索策略的选择直接影响了搜索的效率和最

终找到的网络结构的性能。

③ 性能估计策略：在 NAS 中，性能估计策略用于评估候选网络结构的性能。这通常涉及在验证集或测试集上进行准确度或其他指标的评估。准确的性能估计可以帮助选择性能更好的网络结构。

通过比较不同方法的特点，研究者可以选择适合特定任务和数据集的 NAS 方法，以获得更好的性能。

1. 搜索空间

1）微搜索空间

微搜索空间定义了节点在每一层如何与其他节点交换消息：

$$\boldsymbol{m}_i^{(l)} = \text{AGG}^{(l)} \left(\left\{ a_{ij}^{(l)} \boldsymbol{W}^{(l)} \boldsymbol{h}_i^{(l)}, \forall j \in N(i) \right\} \right) \tag{11-1}$$

常用的微搜索空间组成以下组件部分：

- 聚合函数 AGG($\cdot$)：SUM、MEAN、MAX 和 MLP。
- 聚合权重 a_{ij}：不同聚合模块被赋予的权重信息。
- h 的维数 l：8、16、32、64、128、256、512 等。
- 非线性激活函数 $\sigma(\cdot)$：Sigmoid、Tanh、ReLU、Identity、Softplus、Leaky ReLU、ReLU6、ELU 等。

但是，直接搜索所有这些组件会在单个消息传递层中产生数千种可能的选择。因此，根据应用程序和领域知识，将注意力集中在几个关键组件上可能是有益的。

2）宏搜索空间

与 CNN 中的残差连接和密集连接相似，GNN 中的一层节点表示不一定只依赖于前一层，这些层之间的连接模式形成了宏观搜索空间。这种设计的正式描述为

$$\boldsymbol{H}^{(l)} = \sum_{j<l} F_{jl} \left(\boldsymbol{H}^{(j)} \right) \tag{11-2}$$

其中，$F_{jl}(\cdot)$ 可以是式（11-1）中的消息传递层、ZERO（不连接）、IDENTITY（残差连接）或一个 MLP。因为 H 的维数为 j，只有在各层的维度相匹配的情况下，才能使用 IDENTITY。

3）池化方法

为了处理图级任务，使用池化操作聚合所有节点的信息以形成图级表示，提出了一个池化搜索空间，包括行或列的和、平均值或最大值、注意力池化、注意力和平均池化。更高级的方法（如层次池化）也可以通过精心设计添加到搜索空间中。

4）超参数

除了架构之外，训练过程中的其他超参数也可以被纳入搜索空间，这类似于联合进行 NAS 和超参数优化（hyperparameter optimization，HPO）。典型的超参数包括学习率、训练迭代次数、批量大小、优化器类型、随机失活率和正则化强度（如权重衰减）。这些超参数可以与架构共同优化，也可以在找到最佳架构后单独优化。

另一个关键的选择是消息传递层的数量。与 CNN 不同，目前大多数成功的 GNN 都是浅层的，例如，不超过三层，可能是由于过度平滑问题造成的。受此问题的限制，现

有的 GNN 的 NAS 方法通常将层数预设为一个较小的固定数目。在集成技术缓解过度平滑的同时，如何自动设计深度 GNN 仍然是一个未被探索的问题。另外，NAS 也可以帮助解决过度平滑问题。

2. 搜索策略

搜索策略可大致分为三类[3]：强化学习（reinforcement learning，RL）训练的架构控制器、可微分方法和进化算法。

1）控制器+RL

在广泛采用的 NAS 策略中，控制器被用来生成神经网络的结构描述，并通过 RL 进行训练，以最大限度地提高模型性能作为奖励。例如，可以将神经结构描述看作一个序列，而控制器则可以使用 RNN 来实现。这些方法可以直接应用于具有合适搜索空间和性能评估策略的导航网络。

2）可微分方法

可微分的 NAS 方法，如 DART 和 SNAS，在近年来逐渐流行起来。与传统的 NAS 方法不同，这些方法采用可微分的策略，构建一个包含所有可能操作的单一超级网络（称为一次性模型）。这种方法不是单独优化不同的操作，而是通过微分操作，将所有可能的操作集成到一个网络中。对应公式如下：

$$y = o^{(x,y)}(x) = \sum_{o \in O} \frac{\exp\left(z_o^{(x,y)}\right)}{\sum\limits_{o' \in O} \exp\left(z_{o'}^{(x,y)}\right)} o(x) \tag{11-3}$$

其中，$o^{(x,y)}(x)$ 是输入 x、输出 y 的 GNN 中的一个操作；o、o' 都是候选操作；$z^{(x,y)}$ 是由可学习的向量来控制所选择的操作。简单地说，每个操作都被看作是所有可能操作的概率分布。这样就可以通过基于梯度的算法共同优化体系结构和模型权值。主要的挑战在于如何使 NAS 算法具有可微性，这需要对 Gumbel-Softmax 和 concrete distribution 等技术进行重新排序。当应用于 GNN 时，可能需要稍作修改以合并在搜索空间中定义的特定操作。

3）进化算法

进化算法是一类受生物进化启发的优化算法，也被广泛用于 NAS。在这种方法中，随机生成的网络结构被视为群体中的初始个体。随后，使用种群上的突变和交叉操作来生成新的体系结构。这些新结构经过评估和选择，形成新的种群，整个过程循环迭代。在更新种群的过程中，最佳架构被记录，经过足够的更新步骤，最终得到最优解。对于 GNN，正则化进化（regularized evolution，RE）是一种常见的方法。RE 的核心思想是引入一种老化机制，在选择个体的过程中，群体中年龄较大的个体会被淘汰。此外，类似的方法还包括 Genetic-GNN，该方法提出了一种交替更新 GNN 架构和学习超参数的进化过程，以便找到彼此最佳匹配的组合。

将搜索策略结合使用也是可行的。例如，AGNN 提出了一种增强保守搜索策略，其中控制器采用了 RNN 和进化算法，并使用强化学习对控制器进行训练。通过生成略微不同的体系结构，控制器能够更有效地找到性能良好的 GNN。此外，一些方法采用了 CEM-RL

的组合策略,结合了进化算法和可微分方法的特点,以更好地搜索最优网络结构。

3. 性能估计策略

考虑到可能的架构种类繁多,对每一种架构进行独立全面的训练是不现实的。因此,研究人员采用了一些策略以加快性能评估的速度,常见的一个策略是牺牲模型的精确度,如降低训练的轮次(epoch)数量或减少数据点的数目等。这种策略可以直接应用到 GNN 领域,帮助加速性能评估过程。

另一个在性能评估中取得成功的策略是权重共享,该策略在 CNN 中被广泛采用。权重共享是指在不同的模型之间共享权重,这样可以减少训练的时间和计算资源。在可区分 NAS 中,由于架构和权值是联合训练的,自然地实现了参数共享,然而,训练一个包含所有可能操作的一次性模型可能会很困难。为了解决这个问题,提出了单路径一次性模型,其中在每个传递过程中只激活一次操作,从而加快了训练过程。

对于没有一次性模型的 NAS,在不同体系结构之间共享权重更加具有挑战性,但并非完全不可能。在 CNN 中,一些卷积滤波器被认为是通用的特征提取器,因此可以从先前的架构中继承权值。然而,在 GNN 中,对权值代表的含义仍然缺乏深入理解,因此在继承权值时需要更加谨慎。AGNN 提出了三个参数继承的约束条件:相同的权重形状、相同的注意力和激活函数,以及在批处理规范化和残差连接中没有参数共享。这些约束条件确保了在继承权值时的稳定性和可靠性。

4. 目前研究方向

1)搜索空间

除了上述基本搜索空间外,不同的图任务可能需要其他搜索空间。例如,异构图需要元路径,分子图需要边缘特征,骨架图需要时空模块识别。加速 GNN 的采样机制也很关键,特别是对于大规模图。一个合适的搜索空间通常需要仔细的设计和相应的领域知识。

2)可转让性

由于图任务的复杂性和多样性,在不同的数据集和任务之间传递 GNN 体系结构并不容易。首先,采用一组固定的 GNN 作为锚点,确保在不同的任务和数据集上保持一致。其次,将等级相关性作为度量来衡量不同数据集和任务之间的相似度。最后,将最相似任务的最优 GNN 转移到目标任务中求解。

3)大规模图的效率挑战

EGAN 提出将小图作为代理进行采样,并对采样后的子图进行 NAS,以提高 NAS 的效率。在取得一些进展的同时,仍然需要更先进和更原则性的方法来处理数十亿规模的图。

4)AutoML 图形库

公共可用库在推动图形自动机器学习(automated machine learning,AutoML)的研究和应用上具有重要的作用。图机器学习的常用库包括 PyTorch Geometry、Deep Graph Library、GraphNets、AliGraph、Euler、PBG、StellarGraph、Spektral、CodDL、OpenNE、GEM、Karate Club、DIG 和经典的 NetworkX 等。然而,这些库并未支持 AutoML 功能。

NNI、AutoKeras、AutoSklearn、Hyperopt、TPOT、AutoGluon、MLBox、MLJAR 等 AutoML 库被广泛使用，但是，由于图任务的独特性和复杂性，这些库并不能直接应用于图形自动机器学习。

最近，一些用于图的 HPO 和 NAS 方法，如 AutoNE、AutoGM、GraphNAS、Graph-Gym 已经开放了源代码，从而提升了其研究的可重复性，并推进了 AutoML 在图数据方面的应用。此外，已经开发出第一个专用于自动图形学习的库——AutoGL。

5. 未来方向

（1）AutoML 的图模型：主要关注如何将自动机器学习方法扩展到图形数据上。不过，一个另外的方向，即利用图形数据来协助自动机器学习，也是一个可行且有潜力的领域。例如，我们可以将神经网络模型作为一个有向无环图（directed acyclic graph，DAG）进行建模以便于分析其结构，或者采用 GNN 来促进神经结构搜索。最终，我们期待图形数据和自动机器学习能够形成更紧密的结合，并能够相互推动对方的发展。

（2）健壮性和可解释性：由于许多图数据应用是风险敏感的，例如金融和医疗保健领域，模型的健壮性和可解释性对于实际应用至关重要。尽管在图机器学习的鲁棒性和可解释性方面已经有了一些初步研究，但如何将这些技术推广到图上的 AutoML 中仍然需要进一步的探索。

（3）硬件感知模型：为了进一步提高图上自动机器学习的可伸缩性，硬件感知模型可能是关键的一步，特别是在真实的工业环境中。硬件感知的图模型和硬件感知的 AutoML 模型已经得到研究，但将这些技术整合起来仍然是一个重大挑战。

（4）综合评估协议：目前，大多数图上的 AutoML 方法都是在小型传统基准数据集上进行测试，如 Cora、Citeseer 和 PubMed 等。然而，这些基准数据集被认为不足以比较不同的图机器学习模型，更不用说图上的 AutoML 了。因此，需要更全面的评估协议，例如最近提出的图机器学习基准或类似于 NAS-bench 系列的新的专用图 AutoML 基准。

11.2　图神经网络自适应学习研究

自适应学习在图神经网络中是一个被广泛研究的领域，主要研究的是如何使图神经网络能够自主学习特征表示，并根据不同任务的需求进行适应和调整。在实际应用中，图神经网络需要持续学习新的数据，并能够在此基础上，高效地适应新的任务和领域。本节将介绍图神经网络自适应学习领域的四个主要研究方向：自适应迁移学习、面向图神经网络与强化学习的可扩展自适应学习、具备自适应残差的图神经网络，以及拥有自适应结构的图神经网络（adaptive structure graph neural networks，ASGNN）。

1. 图神经网络的自适应迁移学习研究

GNN 在处理图结构数据的表示学习方面引起了广泛关注。不同的 GNN 架构已在许多基于图的任务中实现了最先进的性能，包括节点分类、连接预测和图分类等。这些 GNN 已被证明在各种领域，如推荐系统和社交网络中，学习到了强大的表示。

图神经网络的自适应迁移学习是指将已经在一个图上训练好的模型的知识迁移到另一个图上，以提高其在目标图数据上的性能[4]。传统的迁移学习主要应用于传统的神经网络，它通过预训练模型在源领域上的学习，将特定的知识迁移到目标领域上。而图神经网络的自适应迁移学习则是在图数据上进行迁移学习算法的扩展。近年来的研究提出了一种新的 GNN 迁移学习范式，该方法在微调阶段自适应地选择不同的辅助任务，并将其与目标任务联合训练，以提高对下游任务的适应性，提高知识迁移的有效性。这个方法能够自动选择最有用的下游任务，并平衡它们的权重。这是一种原则性和通用性的方法，适用于各种辅助任务，具体框架如图 11-2 所示。

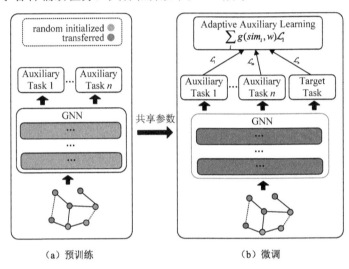

图 11-2　通用辅助损失迁移学习框架

在这个方法中，首先通过自我监督任务对 GNN 模型进行预训练。然后，将预训练模型的参数迁移到目标任务，并使用联合损失对其进行微调。联合损失是目标任务的损失和多个辅助任务损失的加权和。此外，针对随机初始化的辅助任务，还添加了多个特定于任务的层。在微调过程中引入辅助任务损失有助于避免灾难性遗忘，并更好地适应目标任务，从而生成更强大的表示。新的联合损失函数可以用以下公式表示：

$$\mathcal{L}(\boldsymbol{\theta}_t) = w_0 \mathcal{L}_{\text{sup}}(\boldsymbol{\theta}_t) + \sum_{i=1}^{K} w_i \mathcal{L}_{\text{aux},i}(\boldsymbol{\theta}_t) \tag{11-4}$$

其中，$\mathcal{L}$ 是想要完成的目标任务的损失；$\mathcal{L}_{\text{aux},i}$ 表示辅助任务 i 的损失，$i \in \{1, 2, \cdots, K\}$；$w_i$ 是由加权模型生成的任务的权重，目标任务和辅助任务的损失都是在共享模型 θ_t 参数上计算的；w_0 表示目标任务的权重。假设使用梯度下降来更新模型，共享参数在这个联合损失上的优化如下：

$$\boldsymbol{\theta}_{t+1} = \boldsymbol{\theta}_t - a\nabla_{\theta_t}\mathcal{L}(\boldsymbol{\theta}_t) \tag{11-5}$$

如果使用大量的辅助任务，某些辅助任务可能在对目标任务的特征表征学习中发挥比其他辅助任务更重要的作用。因此，w_i 需要仔细选择每个辅助任务的权重。

在本节提到的方法中，使用任务相似性的自适应辅助损失加权，它量化了每个辅助任务与目标任务的相似性，并使用应用辅助任务后获得的信息在训练过程中学习权重。

2. 面向图神经网络和强化学习的可扩展自适应学习研究

学习路径个性化是自适应学习领域的一个重要子领域，其目标是设计一个系统，根据学生的需求和背景，推荐适合的教育活动顺序，以最大限度地提高学生的学习成果[5]。在这个领域，许多机器学习方法已经取得了显著的成果。然而，这些方法通常针对特定的设置设计，并且缺乏可重复使用性，原因是其经常依赖于不可扩展的模型，这些模型在接受特定教育资源的训练后，无法整合新的元素。

本小节提出了一种灵活且具有可扩展性的策略，以解决个性化学习路径的问题，我们将其正式构建为一个强化学习问题。这种策略致力于构建一个系统，它能够基于学生的反馈以及学习历程，自动调整推荐的学习路径。通过将问题结构化为强化学习，我们能够更妥善地满足不同学生的个性化需求，同时模型也具有更强的可扩展性，能够融入新的教育元素。这种策略的提出，为个性化学习路径问题提供了一种更为普适且可持续的解决方法。下面以图 11-3 为例，具体阐述一个学习会话的例子。

a_1
资源1
a_2
资源2
a_3
资源3
a_4
资源4
f_1
f_2
f_3
f_4

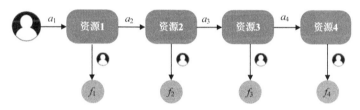

图 11-3　学习会话的视图

在图 11-3 中，会话长度为 $T = 4$，行动 a_1、a_2、a_3、a_4 是智能教学系统（intelligent tutoring system，ITS）的建议，f_1、f_2、f_3、f_4 是用户返回的反馈信号。

将问题形式转化为强化学习问题，可互换地使用术语“用户”和“学习者”来指代来自样本 U 的任何个体。类似地，用术语“文档”或“资源”来指代教育资源。定义 T 是每个学习会话的长度（对于每个用户相同），D 是文档的语料库，d 是来自 D 的文档，u 是来自样本 U 的用户（或学习者），f_d 是学习者对文档 d 给出的反馈。

使用语料库的关键词构造这个表示为 $(w_1,\cdots,w_M)$。将关键词定义为与语料库主题密切相关的技术概念的一个词或一组词。图 11-4 中提供了一些从教育资源中提取的关键

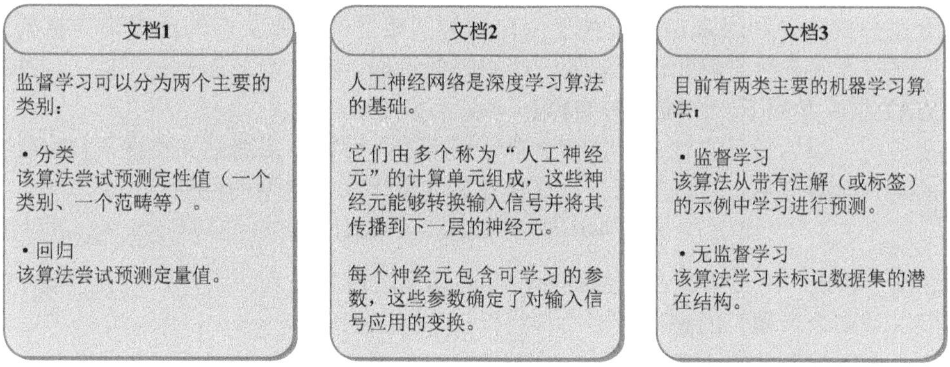

文档1
监督学习可以分为两个主要的类别：
• 分类
该算法尝试预测定性值（一个类别、一个范畴等）。
• 回归
该算法尝试预测定量值。
文档2
人工神经网络是深度学习算法的基础。
它们由多个称为“人工神经元”的计算单元组成，这些神经元能够转换输入信号并将其传播到下一层的神经元。
每个神经元包含可学习的参数，这些参数确定了对输入信号应用的变换。
文档3
目前有两类主要的机器学习算法：
• 监督学习
该算法从带有注解（或标签）的示例中学习进行预测。
• 无监督学习
该算法学习未标记数据集的潜在结构。

图 11-4　从处理机器学习基础知识的语料库中获取的三个独立教育资源示例

字示例。这些关键词记录了文档所涉及概念的信息，因此可以很好地近似其教学内容。

模型框架图如图 11-5 所示，其中架构采用了 GAT 来适应二分图的异质性：

$$\forall d \in \mathcal{V}_D, \boldsymbol{h}_d^{(l+1)} = \sigma\left(\sum_{w \in N(d)} \alpha_{dw}^{(l)} \boldsymbol{W}_D^{(l)} \boldsymbol{h}_w^{(l)} + \boldsymbol{B}_D^{(l)}\right) \qquad (11\text{-}6)$$

$$\forall w \in \mathcal{V}_w, \boldsymbol{h}_w^{(l+1)} = \sigma\left(\sum_{d \in N(d)} \alpha_{wd}^{(l)} \boldsymbol{W}_W^{(l)} \boldsymbol{h}_d^{(l+1)} + \boldsymbol{B}_W^{(l)}\right) \qquad (11\text{-}7)$$

其中，$\boldsymbol{h}_d^{(l)} \in R^K$ 是节点 d 在第 l 层的嵌入，并且 $\boldsymbol{h}_d^{(0)} = \boldsymbol{x}_d$；$N(d)$ 是图中节点 d 的邻居的集合；$\alpha_{dw}^{(l)}$ 是自我注意系数；$\alpha(\cdot)$ 是 ReLU 激活函数（整流线性单元）；$\boldsymbol{W}_W^{(l)}$、$\boldsymbol{W}_D^{(l)}$、$\boldsymbol{B}_W^{(l)}$ 和 $\boldsymbol{B}_D^{(l)}$ 是可训练的参数。文档和关键字之间的这种来回机制允许为每个节点类型（文档或关键字）学习不同的过滤器，有效地解决了图的异构性。式（11-6）和式（11-7）称为二分图 GAT 层块，并将它们表示为 $KW \xrightarrow{\text{式(11-6)}} DOC$ 和 $DOC \xrightarrow{\text{式(11-7)}} KW$。

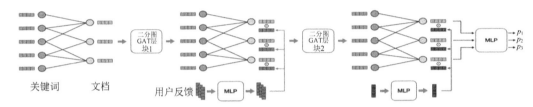

图 11-5　基于文档语料库的策略网络的体系架构

二分图 GAT 层块 1 如下：

$$BLOCK1 = KW \xrightarrow{\text{式(11-6)}} DOC \xrightarrow{\text{式(11-7)}} KW \xrightarrow{\text{式(11-6)}} DOC \qquad (11\text{-}8)$$

在此块之后，文档嵌入 $(\boldsymbol{h}_d^{(2)})_{d \in \mathcal{V}_D}$ 包含关于来自其扩展邻域的关键字的信息。使用 Hadamard 乘积，通过反馈丰富了这些嵌入：

$$\boldsymbol{h}_d^{(\varphi)} = \boldsymbol{h}_d^{(2)} \odot \text{MLP}_{K_d \to K}(f_d) \qquad (11\text{-}9)$$

其中，$\boldsymbol{h}_d^{(2)}$ 和 $\boldsymbol{h}_d^{(\varphi)}$ 是文档 d 在添加反馈之前和之后的嵌入；f_d 是用户对文档 d 的反馈的编码。对于学习者尚未访问的文档，我们使用"未访问"反馈。

在每个文档节点上执行此操作后，应用二分图 GAT 层块 2：

$$BLOCK2 = DOC \xrightarrow{\text{式(11-7)}} KW \xrightarrow{\text{式(11-6)}} DOC \qquad (11\text{-}10)$$

上述公式允许利用来自携带关于用户理解的信息的相邻文档的反馈来丰富关键字嵌入，这些嵌入是学习者知识状态的一个很好的近似，因此定义 $\hat{\boldsymbol{s}}_t = (\boldsymbol{h}_w^{(2)})_{w \in \mathcal{V}_w}$，并将最后的 GAT 层映射到下一个推荐的文档。

在最后一步为每个文档分配概率之前，采用了一种策略来增强文档嵌入，即合并会话中的剩余时间信息。可以观察到，这种策略微提高了模型的性能：

$$\boldsymbol{h}_d^{(\tau)} = \boldsymbol{h}_d^{(3)} \odot \text{MLP}_{K_\tau \longrightarrow K}(\nabla_t) \qquad (11\text{-}11)$$

其中，$\boldsymbol{h}_d^{(3)}$ 和 $\boldsymbol{h}_d^{(\tau)}$ 是文档 d 在添加剩余时间之前和之后的嵌入；$\nabla_t = T - t$ 是步骤 t 的剩余时间（或剩余步骤）的编码。

本小节所提方法的主要局限之一是其缺乏可解释性。理想情况下，智能教学系统不仅提供个性化的学习体验，还能告知学习者他们的进步和理解水平，以激发自我意识和自我调节能力，这通常是通过一个透明的学习者模型来实现的。然而，与大多数深度学习方法一样，这个推荐系统是一个"黑盒"模型，其工作原理并不容易解释。此外，假设预估的知识状态不仅包含关于关键词的语义信息，还包含关于学习者理解方式的语义信息。因此，未来的研究可能会寻求将这些关键词嵌入投影到低维空间中，以便可视化它们在整个学习过程中的演变。

3. 具有自适应残差的图神经网络研究

近年来，GNN 在图结构数据的表示学习中取得了巨大成功。从本质上讲，GNN 将DNN 从规则网格（如图像、视频和文本）推广到不规则数据（如社交、能源、交通、引文和生物网络），这样的数据可以自然地表示为具有节点和边的图。这种泛化的关键构建块是神经消息传递框架：

$$x_u^{(k+1)} = \text{UPDATE}^{(K)}(X_u^{(k)}, m_{N_{(u)}}^{(k)}) \tag{11-12}$$

其中，$x_u^{(k)} \in R^d$ 表示消息传递的第 k 次迭代中节点 u 的特征向量；$m_{N_{(u)}}^{(k)}$ 表示从 u 的邻域 $N_{(u)}$ 聚合的消息。消息传递方案的具体设计可以从谱域或空间域来激发，并线性平滑图上的局部邻域中的特征。

本小节针对自适应残差的图神经网络进行了实证调查。研究首先选择代表 GNN 模型行为和异常特征的图形，使用标准基准数据集进行实验；其次，在模拟异常功能时随机选择节点的特征并添加随机高斯噪声；最后，分别测试了对异常特征和正常特征进行节点分类的性能。

研究发现，特征聚合可以增强 GNN 对异常特征的适应性，但是如果聚合过多，可能会影响正常特征和异常特征的性能。此外，残差连接对于 GNN 的性能也有影响，它帮助 GNN 在针对正常特征时受益更多层次，但同时也使 GNN 对异常特征更加脆弱[6]。这些研究结果为理解图神经网络在处理异常特征时的行为提供了有益的见解。图 11-6和图 11-7 分别显示了异常节点与正常节点的分类精度。

通过观察图 11-6 和图 11-7，可以得出以下结论：在没有残差连接的情况下，更多的层（例如，对于 GCN 和 GCNII，层数>2；对于 APPNP，层数>10）损害了具有正常特征的节点上的准确性。然而，更多的层显著提高了具有异常特征的节点的准确性，然后最终开始下降；在残差连接下，具有正常特征的节点的准确率随着层数的增加而增加。另外，当堆叠更多层时，具有异常特征的节点的准确性仅略微增加，然后开始降低。

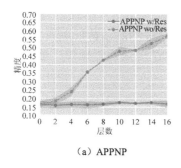
（a）APPNP

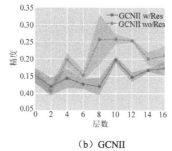
（b）GCNII

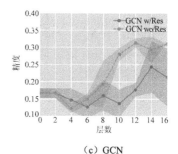
（c）GCN

图 11-6　异常节点的节点分类精度

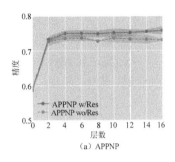 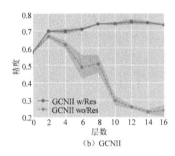 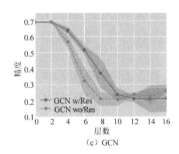

（a）APPNP　　　　　　　（b）GCNII　　　　　　　（c）GCN

图 11-7　正常节点上的节点分类精度

为了调整特征平滑度以获得更好的性能，APPNP 在消息传递中使用残差连接，具体计算公式如下：

$$X^{k+1} = (1-\alpha)\tilde{A}X^k + \alpha X_{\text{in}} \qquad (11\text{-}13)$$

其中，$X^0 = X_{\text{in}}$，它可以被认为是正则化拉普拉斯平滑问题的迭代解。

$$\arg\min_{X \in R^{n*d}} \mathcal{L}(X) := \frac{\alpha}{2(1-\alpha)} \| X - X_{\text{in}} \|_F^2 + \frac{1}{2}\text{Tr}(X^{\text{T}}(I - \tilde{A})X) \qquad (11\text{-}14)$$

其中，初始化 $X = X_{\text{in}}$ 且步长 $\gamma = 1-\alpha$。

$$X^{k+1} = X^k - \gamma\left(\frac{1-\gamma}{\gamma}(X^k - X_{\text{in}}) + (I - \tilde{A})X^k\right) = \gamma\tilde{A}X^k + (1-\gamma)X_{\text{in}} \qquad (11\text{-}15)$$

如 $\mathcal{L}(X)$ 的第一项所示，这样的接近度可以帮助避免等式中的问题的平凡解。完全过平滑的特征仅取决于节点度，并且因此减轻过平滑问题。

上面的初步研究揭示了特征聚合和残差连接之间的内在张力：①特征聚合有助于平滑异常特征，而它可能导致对正常特征的不适当平滑；②残差连接对于调整特征平滑度是必不可少的，但对于异常特征可能是有害的。虽然可以通过调整残差连接（诸如 GCNII 和 APPNP）中的残差权重 α 来部分地减轻这种冲突，但是这种全局调整不能适应于节点的子集，例如，具有异常特征的节点。这是至关重要的，实际应用中经常遇到只有一个子集包含异常特征节点的情况，而如何平衡这一困境仍然需要进一步的研究与努力。

$\mathcal{L}(X)$ 是具有非光滑和光滑分量的复合目标。我们通过近似梯度下降优化它，并获得以下迭代作为自适应消息传递：

$$Y^k = X^k - 2\gamma(1-\lambda)(I - \tilde{A})X^k = (1 - 2r(1-\lambda))X^k + 2\gamma(1-\lambda)\tilde{A}X^k \qquad (11\text{-}16)$$

$$X^{k+1} = \arg\min_X \left\{ \lambda \| X - X_{\text{in}} \|_{21} + \frac{1}{2r} \| X - Y^k \|_F^2 \right\} \qquad (11\text{-}17)$$

其中，$X^0 = X_{\text{in}}$，γ 是稍后指定的步长。具体传递过程如图 11-8 所示。特征矩阵 X^k 通过聚合操作进行信息传递得到 Y^k，通过引入初始特征 X_{in} 与 X^k 完成残差操作，最终得到特征矩阵 X^{k+1}。

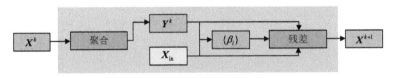

图 11-8　自适应消息传递示意图

GNN 通过消息传递框架将 CNN 推广到图结构数据。消息传递和 GNN 架构的设计主要在谱域和空间域中进行。研究发现，GNN 中的消息传递可以被视为低通图滤波器。已经证明许多 GNN 中的消息传递可以统一地从图信号去噪中导出。经典的 GNN（如 GCN 和 GAT）在浅模型中实现了最佳性能，但当堆叠更多层时，它们的性能会下降，这可以通过过度平滑分析来部分解释。使用残差连接可以减轻过平滑问题。

4. 具有自适应结构的图神经网络研究

本小节将介绍一种新的可解释的消息传递方案与自适应结构（adaptive structure message passing，ASMP）。这种方案旨在应对对抗性攻击对图结构的影响，具体过程如图 11-9 所示。ASMP 中的层基于最小化目标，同时学习节点特征和图结构的目标函数。ASMP 是自适应的，即在不同的层中，消息传递过程能够动态调整图形。这种属性使得 ASMP 能够更精细地处理图结构中的噪声或扰动，提高了模型的鲁棒性。研究人员理论上建立了 ASMP 格式的收敛性，将 ASMP 与神经网络相结合，产生了一种新的具有自适应结构的图神经网络模型（adaptive structure graph neural network，ASGNN）[7]。

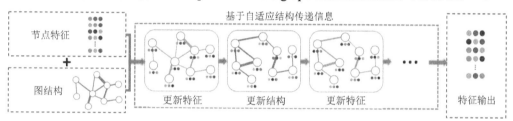

图 11-9　ASMP 的图示

图 11-9 中，ASMP 将节点特征矩阵 X 和图结构矩阵 A 作为输入。不同颜色的特征表示具有不同的嵌入值，而不同宽度的边缘表示不同的权重值。ASMP 以交替的方式更新节点特征和图结构。在这个过程中，ASMP 具备自适应性，即它包括了标准消息传递（H）的更新步骤以及具有自适应地调整图形结构的额外操作（S）的更新步骤。因此，ASMP 的特殊性在于，某些层中的图的边缘可以在其他层中被排除或被降权，从而实现对图结构的自适应调整。这种特性使得 ASMP 能够更灵活地处理不同层之间的图结构变化，提高了模型对复杂图数据的适应性。

通过大量实验验证，研究人员发现，所提出的 ASGNN 在半监督节点分类任务中，在各种对抗攻击下的分类性能均优于其他较先进的图神经网络架构。这一研究为构建更强大、更鲁棒的图神经网络提供了新的思路和方法。

在深入研究后，我们发现许多 GNN 模型中用于特征学习的消息传递层可以被统一解释为最小化某一能量函数的梯度步长，这具有图神经网络中的梯度下降（gradient-based steerable decisions，GSD）的含义。研究人员进一步发现，一些流行的图神经网络实际上是由梯度下降算法驱动的神经网络，用于解决特定的 GSD 问题。在这种情况下，我们采用了近似个性化传播神经预测（approximate personalized propagation of neural predictions，APPNP）模型，初始节点特征矩阵 Z 首先由具有模型参数 θ 的多层感知器 $g_\theta(\cdot)$ 预处理，产生输出 $X = g_\theta(Z)$，然后 X 被馈送到式（11-18)给出的 k 层消息传递方案中：

$$\boldsymbol{H}^{(0)} = \boldsymbol{X}, \boldsymbol{H}^{(k+1)} = (1-\alpha)\boldsymbol{A}_{\text{sym}}\boldsymbol{H}^{(k)} + \alpha\boldsymbol{X}, \text{for } k = 0, 1, \cdots, K-1 \quad (11\text{-}18)$$

其中，$\boldsymbol{H}^{(0)}$ 表示消息传递过程的输入特征；$\boldsymbol{H}^{(k)}$ 表示第 k 层之后的学习特征；α 是传送概率。因此，APPNP 模型的消息传递完全由两个参数来指定，即图结构矩阵 $\boldsymbol{A}_{\text{sym}}$ 和参数 α，其中 $\boldsymbol{A}_{\text{sym}}$ 假定是预先已知的，α 被视为超参数。

从优化的角度来看，上式可以被看作执行 K 步梯度下降以解决初始化 $\boldsymbol{H}^{(0)} = \boldsymbol{X}$ 和步长为 0.5 的 GSD 问题，其由以下公式给出：

$$\underset{\boldsymbol{H}\in R^{N\times M}}{\text{mininize}}\, \alpha\|\boldsymbol{H} - \boldsymbol{X}\|_F^2 + (1-\alpha)\text{Tr}(\boldsymbol{H}^{\mathrm{T}}\boldsymbol{L}_{\text{sym}}\boldsymbol{H})$$

其中，$\boldsymbol{X}$ 和 α 是给定的，并且具有与等式中相同的含义。第一项是迫使恢复的图形信号 $\boldsymbol{H}$ 尽可能接近有噪声的图形信号 $\boldsymbol{X}$ 的保真度项，并且第二项是测量图形信号 $\boldsymbol{H}$ 的变化的对称归一化拉普拉斯平滑项，其可以明确地表示为

$$\text{Tr}(\boldsymbol{H}^{\mathrm{T}}L_{\text{sym}}\boldsymbol{H}) = \frac{1}{2}\sum_{i=1}^{N}\sum_{j=1}^{N}\boldsymbol{A}_{ij}\left\|\frac{\boldsymbol{H}_{i,:}}{\sqrt{\boldsymbol{D}_{ii}}} - \frac{\boldsymbol{H}_{j,:}}{\sqrt{\boldsymbol{D}_{jj}}}\right\|_2^2 \quad (11\text{-}19)$$

其中，$\boldsymbol{A}_{ij}$ 为节点 i 与节点 j 在邻接矩阵上的元素值；$\boldsymbol{D}_{ii}$ 和 $\boldsymbol{D}_{jj}$ 分别表示对应的度矩阵。在学习图时，通常采用结构正则化器来促进某些期望的属性。下面讨论几个广泛使用的图结构正则化器，这些正则化器将被纳入 ASMP 的设计中。我们将可学习的图邻接矩阵表示为 $\boldsymbol{S}$，其中

$$\boldsymbol{S} = \{\boldsymbol{S} \in R^{N\times N}|0 \leq \boldsymbol{S}_{ij} \leq 1, i, j = 1, \cdots, N\} \quad (11\text{-}20)$$

许多流行的 GNN 中的消息传递过程可以被视为执行图信号去噪或节点特征学习。然而，如果图中的某些边与任务无关，甚至被恶意操控，那么所学习的节点特征可能并不适合于下游任务。针对这一问题，研究者提出了一种新的消息传递设计原则，即同时进行节点特征和图结构的学习。这样的设计使得能够自适应地从特征学习中推导出用于消息传递过程的图结构。因此，这种消息传递方案潜在地提高了对错误输入图结构的鲁棒性。

具体来说，使用随机游走归一化图拉普拉斯平滑项，以及结构保真度项 $\|\boldsymbol{S} - \boldsymbol{A}\|_F^2$，其中，$\boldsymbol{A}$ 是给定的初始图邻接矩阵，结构正则化项为 $\|\boldsymbol{S}\|_1$ 和 $\|\boldsymbol{S}\|_F^2$。然后，得到以下优化问题：

$$\underset{\boldsymbol{H}\in R^{N\times M}}{\text{minimize}}\, p(\boldsymbol{H}, \boldsymbol{S}) = \|\boldsymbol{H} - \boldsymbol{X}\|_F^2 + \lambda\text{Tr}(\boldsymbol{H}^{\mathrm{T}}\boldsymbol{L}_{\text{rw}}\boldsymbol{H}) + \gamma\|\boldsymbol{S} - \boldsymbol{A}\|_F^2 + \mu_1\|\boldsymbol{S}\|_1 + \mu_2\|\boldsymbol{S}\|_F^2 \quad (11\text{-}21)$$

其中，$\boldsymbol{H}$ 是特征变量；$\boldsymbol{S}$ 是结构变量；γ、λ、μ_1 和 μ_2 是平衡不同项的参数。为了实现特征学习和结构学习之间的相互作用，拉普拉斯平滑项涉及 $\boldsymbol{S}$ 而不是 $\boldsymbol{A}$，即 $L_{rw} = \boldsymbol{I} - \boldsymbol{D}^{-1}\boldsymbol{S}$，其中 $\boldsymbol{D} = \text{Diag}(\boldsymbol{S}_1)$。当存在对抗攻击时，将生成扰动邻接矩阵 $\boldsymbol{A}$。

11.3　结合知识图谱的图神经网络自适应学习研究

1. 动态图神经网络的鲁棒知识自适应研究

1）动态图神经网络与强化学习

近年来，动态图神经网络在处理图数据时受到了广泛关注。这类网络主要关注节点

之间建立新连接时的时间动态，以更新节点的嵌入表示。目前的研究可以分为两大类：基于离散时间和基于连续时间的方法[8]。

在基于离散时间的方法中，动态图被视为一系列快照，然后静态图神经网络模型被应用于这些快照。例如，Dyngem 使用深度自编码器在动态图上按时间递增地生成稳定的节点嵌入；而 DynamicTriad 则模拟动态图上的空间轴结构，并从空间轴闭合过程中学习节点表示。

基于连续时间的方法将动态图视为按时间顺序排列的边的序列。这些方法侧重于设计消息函数，以聚合历史或邻域信息来更新节点的嵌入。然而，这些方法在建立新连接时试图同时更新所有邻居节点的嵌入，而未区分哪些节点应受影响和更新。

当前的动态图神经网络方法仍存在局限性。如果新连接引入的节点包含噪声信息，将其知识传播到其他节点是不可靠的，甚至可能导致模型崩溃。因此，未来的研究需要解决这些问题，以便更好地处理动态图数据。

强化学习的基本思想是通过智能体与环境相互作用，根据环境反馈得到的奖励不断地调整策略，以找到最佳决策。强化学习中，通常有两种主要方法：基于策略的方法和基于值的方法。基于值的方法（例如 DQN 和 SARSA）旨在最大化预期总回报。这些方法根据行动的预期回报采取行动，通过评估每个状态的价值来选择最优的行动。基于策略的方法（包括增强和自我批评训练）试图训练政策网络，以生成描述行动概率的政策分布。这两种方法在强化学习中扮演着重要角色，具体的选择通常取决于问题的性质和环境的特点。通过这些方法，智能体能够在不断尝试和错误中学习，并优化其策略使得其在特定任务中取得最佳表现。

2）增强型邻居选择模块

在动态图中，随着新边的不断添加，节点的固有属性会随着时间的推移而变化。因此，在处理动态图时，需要考虑到这种变化，并相应地更新节点的嵌入。以前的研究通常采用的方法是，一旦建立了新的边，就试图更新中心节点及其所有邻居的嵌入。然而，这种学习策略在许多实际应用中是不合理的，原因如下：

首先，如果邻居节点包含噪声信息，则将其信息传播到其他节点可能无助于模型的学习，反而可能导致学习模型的崩溃。因此，在更新节点嵌入时，需要考虑选择性地传播信息，避免将噪声信息传播给其他节点。

其次，随着图的进化，一些节点之间的链接关系可能会过时或者不再具有实际意义，因此在这些节点之间传播新的信息可能是没有意义的。为了有效地处理动态图，需要在信息传播过程中考虑链接关系的时效性，避免在过时的链接关系上浪费计算资源和模型容量。

因此，针对动态图的学习策略需要更加智能和灵活，能够根据节点的属性变化和链接关系的时效性来动态地选择性地更新节点嵌入，以适应不断变化的图结构，提高模型的鲁棒性和性能。

基于上述考虑，有研究学者尝试以自适应的方式选择邻居进行更新，如图 11-10 所示，需要注意的是，由于要更新的邻居的抽样是离散的，不能通过基于随机梯度下降的方法来优化它。更重要的是，决定邻居节点是应该更新还是应该保留的过程可以归类为序列决策问题。因此，可以采用强化学习来解决这个问题，这种强化学习擅长于优化离散问题，并且能够捕捉决策的长期相关性和全局影响。如图 11-10 所示，通过动态图和时间感知注意聚合模块来构建环境。当发生新的交互时，代理从环境接收状态，这些状态是交互消息和中间嵌入的串联。然后，代理根据当前状态和学习的策略网络采取行动，该网络可以确定是更新还是保留每个节点的嵌入。接着，基于中间嵌入和 MLP 得到受影响节点的新嵌入。最后，通过最大化奖励来优化政策网络。强化学习主要包含三个要素：状态、动作、奖励。接下来对此作详细介绍。

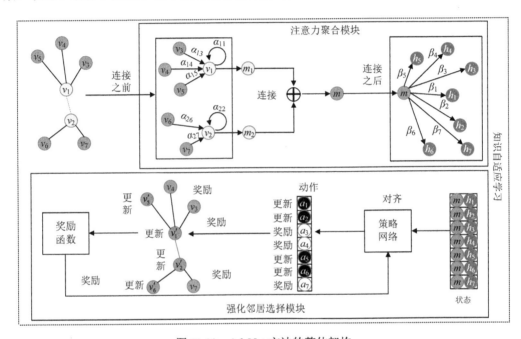

图 11-10　AdaNet 方法的整体架构

当在时间 t 发生交互作用 (v_s, v_d, t) 时，计算每个节点 $v_i \in N_{s \cup d}$ 的状态 $s_i(t)$。

该状态 $s_i(t)$ 由以下两种特征组成：邻居节点 i 的中间嵌入 $h_i(t)$ 和交互消息 $m(t)$。前者汇总了节点 i 到时间戳 t 的历史信息，后者综合了源节点的邻域信息和目的节点的邻域信息。状态 $s_i(t)$ 可以表示为

$$s_i(t) = h_i(t) \| m(t) \tag{11-22}$$

控制器的动作表示为 $a_i \in \{0,1\}$。$a_i = 1$ 表示控制器决定更新节点 v_i 的表示，而 $a_i = 0$ 表示代理决定保留节点 v_i 的表示。根据学习的策略网络产生的概率分布对 a_i 进行采样，该学习的策略网络由两个全连通的层组成。形式上，策略 $\pi(s_i(t))$ 计算如下：

$$\pi(s_i(t)) = \sigma_2(W_1 \cdot \sigma_1(W_2 \cdot s_i(t))) \tag{11-23}$$

其中，σ_1 和 σ_2 分别是 ReLU 和 Sigmoid 激活函数，W_1 和 W_2 是两个可学习的权重矩阵。当确定要更新节点 $v_i \in N_{s \cup d}$ 时，利用其先前嵌入 $x_i(t)$ 和其中间嵌入 $h_i(t)$ 来获得其更新嵌入。v_i 的新嵌入 $x_i(t+)$ 可以由下式计算得到：

$$x_i(t+) = \sigma_1(W_u \cdot (x_i(t) \| h_i(t))) \tag{11-24}$$

其中，$\boldsymbol{W}_u$ 是一个可学习的权重矩阵。如果代理决定保留其嵌入，则其嵌入 $\boldsymbol{x}_i(t+)$ 将保持为

$$\boldsymbol{x}_i(t+) = \boldsymbol{x}_i(t) \tag{11-25}$$

考虑到一般图数据集的拓扑关系，可以利用图的拓扑关系来定义该方法的推广奖励。由于之前的工作已经证明了节点嵌入的稳定性对动态图很重要，并通过直接测量相邻快照之间的嵌入差异来定义节点嵌入的稳定性，因此，节点嵌入之间的高度相似性可以表明历史拓扑信息可以更好地保留，从而通过要求中心节点与相邻节点的嵌入尽可能相似来定义局部结构的稳定性。

2. 基于知识图的问题回答自适应推理研究

知识图谱（knowledge graph，KG）是一个包含一组已知事实的关系图，这些事实以元组（主体、关系、对象）的形式表示，其中主体和对象是与给定关系连接的 KG 实体。知识图谱问答（knowledge graph question answering，KGQA）任务的目标是接收自然语言问题作为输入，并返回一组与问题相关的 KG 实体作为答案。在监督薄弱的 KGQA 环境中，学习过程中唯一可用的监督是问答对[9]。KGQA 问题通常包括两个主要模块：检索与问题相关的 KG 事实和对这些事实进行推理以得到答案。在推理模块中，一般的方法是将问题解码成密集的表示（指令），然后使用这些指令来指导 KG 上的推理。这些指令会与单跳 KG 事实（或关系）进行迭代匹配，从而诱导 KG 遍历以找到可能的答案。这些指令通常是通过关注问题的不同部分来生成的，比如，"……是导演……"。为了执行 KG 遍历，通常会使用强大的图推理器，比如图神经网络。这种方式帮助系统理解问题并在知识图上进行精确的推理，以回答用户的查询。

KGQA 的主要挑战是问题的回答是在具有复杂语义的图结构上进行的，因此指令的解码和执行是 KGQA 的一个关键因素。图 11-11 显示了一个示例，在该示例中，次优的初始指令导致错误的 KG 遍历。虽然有些方法试图提高指令的质量，但它们主要是为了解决特定的问题类型，如 2 跳或 3 跳问题，或者对复杂问题表现不佳。

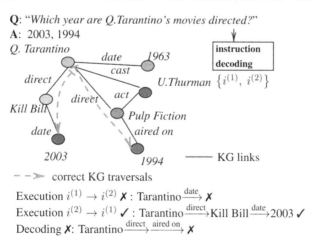

图 11-11　KGQA 指令解码与执行过程

GNN 是一种成熟的图表示学习，适用于节点分类等任务。GNN 的核心思想是通

过聚合节点自身和邻居节点的表示来更新节点的表示。GNN 将层 l 处的节点表示 $h_v^{(l)}$ 更新为

$$h_v^{(l)} = \psi(h_v^{(l-1)}, \phi(\{m_{v'v}^{(l)} : v' \in N_e(v)\})) \tag{11-26}$$

其中，$m_{v'v}^{(l)}$ 是两个邻居 v 和 v' 之间的消息；$\phi(\cdot)$ 是所有邻居消息的聚合函数；函数 $\psi(\cdot)$ 结合了连续层的表示。在每一层，GNN 捕获 1 跳信息（相邻消息）。L 层 GNN 模型捕获 L 跳内的邻域结构和语义。

为了更好地对多个事实（图）进行推理，成功的 KGQA 方法是利用 GNN，其思想是将消息传递条件限定为给定的问题 Q。例如，如果一个问题指的是电影，那么相邻电影实体就更重要。通常的做法是将 Q 分解为 L 个表示形式 $\{i^{(l)}\}_{l=1}^L$（指令），其中每个表示形式都可以引用特定问题的上下文，例如电影或演员。

上述指令的解码与执行过程可以指导 G_q 上的不同推理步骤，根据指令可以将 GNN 的更新方程改写为

$$h_v^{(l)} = \psi(h_v^{(l-1)}, \phi(\{m_{v'v}^{(l)} : v' \in N_e(v) \mid i^{(l)}\})) \tag{11-27}$$

其中，$h_v^{(l)}$ 表示第 l 层节点 v 的特征向量；l 被限定为不同的指令 $i^{(l)}$；消息 $m_{v'v}^{(l)}$ 通常依赖于相应事实 (v',r,v) 的表示。

3. 时间知识图谱归纳推理的自适应逻辑规则嵌入模型

传统的知识图谱（knowledge graphs，KGs）只包含静态事件，然而实际上存在大量的带有时间关联性的可用事件数据。在这些事件数据中，实体随着时间的推移会发生不同的交互。因此，出现了许多由带有时间属性的实体交互数据组成的时态知识图谱（temporal knowledge graphs，TKGs）。TKGs 将带有时间戳的静态三元组扩展为四元组（主体、关系、对象、时间戳）以表现动态事件，其中时间戳表示静态三元组的有效期。相比于传统的静态 KGs，TKGs 具有复杂的时间动态特性，这增加了 TKGs 推理的难度。

基于 TKGs 的推理主要有两种设置：插值和外推。给定时间间隔 $[t, t_t]$ 内的事件，插值试图推断在 $[t, t_t]$ 内发生的缺失事件，而外推则预测 $t > t_t$ 时间内未来的缺失事件。外推推理从观察到的历史 KGs 中学习事件之间隐藏的联系，进而预测未来时间戳上的新事件，可应用于灾难救援和金融分析等实际场景，我们重点研究外推推理任务。

最近，许多研究被投入 TKGs 上的外推推理中，并实现了出色的预测性能。这些方法可以分为两类：基于嵌入的方法和基于逻辑规则的符号方法。基于嵌入的方法，如 Re-Net、CygNet、Tie 和 Re-GCN，虽然可以捕获 TKGs 中的复杂信息，但嵌入的黑箱性质使其缺乏可解释性，不适用于许多实际应用。一些研究者提出创建逻辑规则进行推理，以增强可信度和效用，如 StreamLearner 和 TLogic。他们使用基于统计的措施来评估规则的置信度，并根据学习到的规则进行预测。但学习到的规则有限，使得模型存在可扩展性问题，不适合现实中的大规模数据集。

针对上述问题，文献[10]提出了一种基于时态知识图的归纳推理自适应逻辑规则嵌入模型（adaptive logic rule embedding for inductive reasoning, ALRE-IR）。该模型能有效地捕捉 TKGs 的深层结构，并挖掘潜在的逻辑规则。在模型中，逻辑规则由一系列关系

表示，因此在挖掘规则时，关系成为重点关注的核心特征，而实体只是提取关系路径的工具。首先，模型会从历史子图中提取关系路径，并学习包含历史语义的关系路径的嵌入。然后，将这些关系路径与当前事件进行匹配，以获取规则，并基于可解释的因果逻辑评估规则的置信度。最后，可以根据规则的置信度对四元组进行评分。模型从粗粒度四元组和细粒度规则的角度设计训练任务，并提出一个单类增广匹配损失来优化模型。在推理过程中，模型能够根据历史信息自适应地提取和学习关系路径特征，评估相应规则的置信度，并预测缺失的实体。此外，训练的模型可以应用于具有共同关系词汇表的新数据集，以进行零镜头推理。

通过挖掘事件之间的逻辑因果关系，可以有效地预测未来事件。如图 11-12 所示，以一个事件 (e_1, r_8, e_5, t) 为例，根据前面 m 个时间戳中的历史信息，挖掘其中包含的时序逻辑规则。图 11-12（a）表示由前 m 个时间戳中发生的事件组成的子图。基于这个子图，可以挖掘到可能导致当前事件的所有规则。图 11-12（b）显示了从 E_1 到 E_5 的所有路径，可以在图 11-12（c）中提取关系来得到四个可能的逻辑规则。每个规则 $R^t(p, r)$ 由一条路径 $p \in P^t_{(s,o)}$ 和一个关系 $r \in R$，表示历史原因，r 表示当前时间戳的结果。

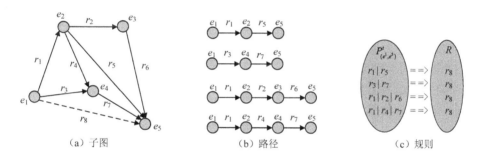

| （a）子图 | （b）路径 | （c）规则 |

图 11-12　基于关系路径的规则提取

ALRE-IR 模型的整体架构如图 11-13 所示。现有的基于表示学习的时间知识推理方法通过学习实体的进化嵌入来进行预测，因此建议根据因果逻辑规则推断缺失环节，并

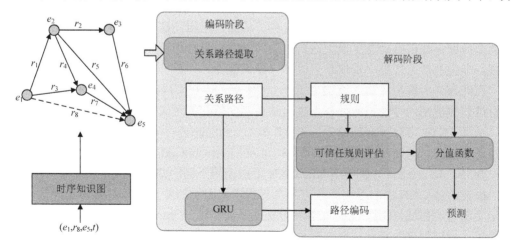

图 11-13　ALRE-IR 模型的体系结构

对历史信息进行编码以找到导致事件发生的原因。在这一部分中，需要挖掘历史子图中包含的关系逻辑规则，并学习关系路径的嵌入。

4. 基于自适应知识蒸馏的图神经网络增强方法

图神经网络在各种图挖掘任务中表现出了卓越的性能。在共享相同消息传递框架的同时，不同的 GNN 从相同的图中可以学习不同的知识。然而，知识蒸馏（knowledge distillation，KD）将知识从高能力的教师转移到轻量级的学生，这与场景相背离：GNN 通常是肤浅的，要有效地传授知识，需要解决两个挑战：如何将知识从紧凑的教师传授给具有相同能力的学生；如何开发学生 GNN 自身的学习能力。本节引入一个新的自适应 KD 框架，称为 BGNN[11]，它将知识从多个 GNN 顺序地转移到一个学生 GNN 中。此外，介绍了一个自适应温度模块和一个增重模块，这些模块引导学生获得有效学习的适当知识。大量的实验证明了 BGNN 的有效性。

近年来，各式各样的 GNN 已被开发出来，并应用于不同的图挖掘任务。尽管大多数 GNN 可以统一为消息传递神经网络，但它们的学习能力存在显著的差异。在早期的研究中，我们观察到不同的 GNN 学习的图表示存在相当大的差异，这种差异在更深层次上更为明显。这表明，由于采用不同的聚合方式，不同的 GNN 可能编码了互补的知识。基于这一观察，我们自然会提出这样的问题：能否通过有效地利用来自同一数据集的不同 GNN 学习到的互补知识，来提升普通 GNN？

一个直观的解决方案是将多个模型组合成一个集合，它将获得比其每个组成模型更好的性能。然而，集成并不总是有效的，特别是当基本分类器是强学习者时。因此，寻求一种不同的方法来利用来自不同 GNN 的知识：KD 将信息从一个（教师）模型蒸馏到另一个（学生）模型。然而，KD 总是伴随着模型压缩，其中教师网络是高容量神经网络，学生网络是紧凑且快速执行的模型。面对这种情况，学生和教师之间可能会有很大的表现差距。但是这种性能差距在场景中可能并不存在：由于过度平滑（over-smoothing）问题，GNN 都非常浅。因此，从教师的 GNN 中提取额外的知识来提高学生的 GNN 就变得更加困难。要实现这一目标，面临着两大挑战：一是如何将知识从教师 GNN 转移到具有相同能力的学生 GNN 中，从而产生相同甚至更好的绩效（教学效果）；第二个问题是如何推动学生模型在自主学习中发挥最佳作用，这在传统的知识学习中被忽视，学生的学习成绩严重依赖于教师（学习能力）。

已经有许多模型将 KD 框架应用于 GNN 上，以在不同的环境中获得更好的效率。所有这些模型都通过惩罚教师和学生追随者之间软化的逻辑差异来提炼知识。

从图 11-14 可以观察到 GCN、GAT 和 GraphSage 中不同层学习到的表示之间的相似性是多样的。例如，GCN 的 1、2、3、4 层的表示与 GAT 的表示之间的 CKA 值约为 0.7、0.35、0.4、0.3，这表明不同的 GNN 可能编码不同的知识。

假设这些 GNN 中的不同聚合方案会导致学习表示的差异。具体地，GCN 聚合具有预定义权重的邻域，GAT 使用可学习的权重聚合邻域，GraphSage 在聚合过程中随机采样邻域。考虑到这些差异，通过整合其他 GNN 的知识来提升一个 GNN 是有希望的。

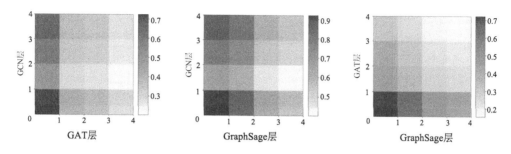

图 11-14　GNN 不同层的图表示之间的 CKA 相似性

5. 基于远程监督迭代训练的知识图谱域自适应研究

知识图谱是医疗保健人工智能领域中支持各种任务的高保真、高解释性建模的一个非常重要的基础。有监督学习知识图谱的构建需要人工标注数据，耗费大量的时间和人力。虽然基于远距监督学习的命名实体识别和关系提取已有多个研究，但从大量文本数据中构建不需要人工标注的领域知识图谱仍然是一个亟待解决的问题。为此，研究者提出了一个整合框架，用于从一般领域（在我们的案例中是生物医学）调整和重新学习知识图谱到一个精细定义的领域（肿瘤学）[12]。在该框架中，将远程监督应用于跨领域知识图谱适配。因此，不需要人工数据注释来训练模型。此外，还引入了一种新的迭代训练策略来促进领域特定的命名实体和三联体的发现。实验结果表明，该框架能够有效地进行领域自适应和知识图谱的构建。

在医疗保健领域，开发健壮且可解释的临床决策支持系统以及进行相关研究，既需要大量的数据，又需要对医学知识进行有效的建模。为了满足这些需求，知识图谱已经应用于医疗保健领域的研究，用以表达基础的领域知识，这包括统一医学语言系统（unified medical language system，UMLS）和谷歌医疗保健知识图谱。本研究专注于开发肿瘤学知识图谱，肿瘤学是研究癌症治疗和预防的重要医学分支。通过描述癌症亚型、症状、共病、遗传因素以及治疗之间的关系，肿瘤学知识图谱将为临床决策支持的下游任务提供强有力的基础，如患者诊断、预后、表型和治疗优化。

然而，现有的方法对于构建特定领域的知识图谱并不有效，尤其是在肿瘤学领域，由于对肿瘤学专业知识的访问有限，这阻碍了标记训练数据的提供。标记数据的不足通常会导致性能不佳。实际上，对大量训练数据的依赖显著降低了基于监督学习的数据驱动的知识图谱构建方法的现实世界潜力。此外，虽然基于规则的方法（如基于 Stanford Core NLP 等资源）并未设置严格的数据要求，但它们通常受到手工功能设计的不足以及与领域数据之间缺乏有效的细粒度连接的影响。因此，近年来，直接从自然文本中自动构建知识图谱的研究引起了研究者的密切关注。

为了应对这些挑战，研究人员提出了一种利用生物医学知识图谱的知识，特别是采用远程监督交互式训练来实现知识图谱领域适应性，构建肿瘤学知识图谱的逐步精化学习方法。在远程监督学习中，精细领域的知识图谱是由一般领域的知识图谱衍生而来的，例如，覆盖生物医学领域广泛概念和常识的生物医学知识图谱可以作为肿瘤专科知识图谱的基础。因此，粗领域的知识图谱可以被用作远程监督的知识库，从而避免手工标注工作。然而，仅使用粗领域的知识图谱作为知识库可能会限制模型在细领域发现特定于领域的命名实体和三元组的能力，进一步限制了细领域知识图谱的构建。因此本节引入了一种全新的由粗糙到精细的知识图谱领域自适应（knowledge graph domain adaptation，KGDA）框架。该框架利用迭代训练策略来增强模型发现细领域实体和三元组的能力，从而促进快速且有效的知识图谱领域适应。

图 11-15 所示为迭代训练方案的总体框架，其核心机制不是对整个无标签文本语料库进行远程监督训练，而是将整个未标记数据集拆分为 n 个没有交集的子数据集。在构建远程监督语料库之前，使用训练好的模型对文本语料库进行预测，以获得细域的具体知识。

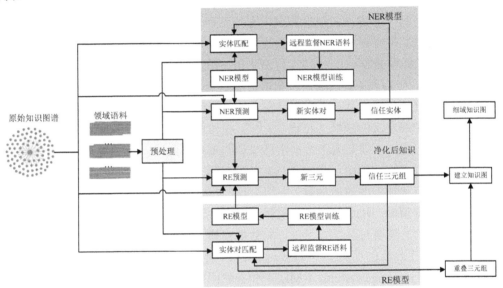

图 11-15　迭代训练方案的总体框架

首先需要对获取的文本语料进行精细域的预处理。预处理操作包括处理特殊字符、分词、使用人类定义的规则（例如句子长度）过滤句子等。然后，该框架涉及两个神经网络模型：NER 模型和 RE 模型。用分类器头替换 PLM 的输出层作为 NER 模型 *modelN*，并通过最小化远程监督 NER 语料库上的交叉熵损失来对其进行微调。此外，应用 BIO 方案来生成 NER 序列标签。对于 RE 任务，使用模板来生成远程监督样本。RE 模型 *modeR* 被定义为具有全连接层的 PLM，并通过最小化远程监督 RE 语料库上的交叉熵损失来微调 *modeR*。

6. 基于图神经网络的知识图谱推理的学习自适应传播研究

由于 GNN 的普及，研究人员设计了各种基于 GNN 的知识图谱推理方法。这些方法的一个重要设计成分是传播路径，它包括了每个传播步骤中涉及的一组实体。然而，现有的方法使用手动设计的传播路径，可能忽视了实体之间的相关性和查询关系。此外，涉及的实体数量可能在更大的传播步骤中呈爆炸式增长，因而需要探索一种自适应的传播路径，以筛选出与研究目标无关的实体，并保留那些具有潜在意义的目标实体。首先，我们设计了一种增量采样机制，它可以在线性复杂度下保持邻近目标和层间连接[13]。其次，我们设计了一个基于学习的采样分布来识别语义相关的实体。大量的实验表明，这种方法强大、高效且具有语义感知能力。

知识图谱推理的代表性方法可以分为三类。

（1）基于三元组的模型：这类方法通过学习到的实体和关系嵌入直接为每个答案实体评分。

（2）基于路径的方法：这些方法学习逻辑规则，生成从某个实体出发的关系路径，并探索哪个实体更有可能成为目标答案。

（3）基于 GNN 的方法：基于图神经网络的方法生成答案。

近期的研究工作试图利用 GNN 对图结构化数据进行建模，尤其是在知识图谱推理中。这些方法通常遵循消息传播框架，在第 l 个传播步骤中，消息首先在边上传播，然后在邻居实体之间共享：

$$G^t = \{(e_s, r, e_0) \in G \mid e_s \in V^{l-1}, r \in R, e_0 \in V^t\} \tag{11-28}$$

$$m^l_{(e_s, r, e_0)} = \text{Mess}(\boldsymbol{h}^{l-1}_{e_s}, \boldsymbol{h}^l_r) \tag{11-29}$$

其中，$\text{Mess}(\cdot)$ 为消息传递函数，基于实体 $\boldsymbol{h}^{l-1}_{e_s}$ 和关系表示 $\boldsymbol{h}^l_r$。然后将消息从上一步 $e_s \in V^{l-1}$ 的实体通过激活函数传递到当前步 $e_0 \in V^t$ 的实体。传播后，获得实体表示 $\boldsymbol{h}^l_{e_0}$，以衡量每个实体 $e_0 \in V^l$ 的合理性。

对于基于 GNN 的 KG 推理方法，参与传播的实体集合是不同的。现有的基于 GNN 的方法根据其传播范围的设计一般可分为三类：

- 完整传播方法，如 R-GCN 和 COMPGCN，在所有实体之间传播，即 $v_t = v$。由于大的内存开销和 GNN 在完整邻居上的过平滑问题，它们被限制在小的传播步数。
- 渐进传播方法，如 RED-GNN 和 NBFNET，从查询实体 e_q 传播并逐步传播到 e_q 的 L-hop 邻域，$v^0 = \{e_q\}$ 和 $v^t = \bigcup_{e \in v^{t-1}} N(e)$，其中 $N(e)$ 包含实体 e 的 1 跳邻居。
- 约束传播方法，如 GRAIL 和 COMPILL，在一个约束范围内传播，即 $V^l = V^L_{e_q, e_a}$，其中 $V^L_{e_q, e_a} \in V$ 是 e_q 和 e_a 的封闭子图 a。由于 $V^L_{e_q, e_a}$ 对于不同的 (e_q, e_a) 对来说是不同的，这些方法非常昂贵，特别是在大规模 KG 上。

进一步，有研究学者提出一种新的基于 GNN 的知识图谱推理方法，称为 ADAPROP。与现有的基于 GNN 的方法不同，ADAPROP 在消息传播过程中学习自适应的传播路径，而不是依赖于人工设计的路径。ADAPROP 包含两个关键组成部分。

- 增量采样策略：这一部分能够在保持邻近目标和层间连接的同时，保持线性复杂度。这意味着它能够有效处理较大规模的知识图谱，并且在传播过程中不会失去关键信息。
- 基于学习的采样分布：这一部分能够在传播过程中识别语义相关的实体。与 GNN 模型联合优化，它使用了采样器，能够自适应地选择在传播路径中涉及的实体。这种自适应性使得 ADAPROP 能够更好地适应不同的查询和语境，提高了推理的精确度和鲁棒性。

实验结果表明，通过学习自适应传播路径的 ADAPROP 在多个基准数据集上表现出色。消融实验结果显示，增量采样策略相较于其他采样策略更为优越，并且使用直通梯度估计器学习采样分布是非常重要且有效的。对于学习到的传播路径进行的案例研究显示，所选实体是基于语义和查询依赖的，这进一步验证了 ADAPROP 的自适应性和智能性。

7. 基于自适应边际学习知识图谱嵌入的实体对齐

目前已经构建了大量的知识图谱，但它们之间存在多样性和异质性。知识图谱中的关系和属性包含了丰富的语义信息，这为构建知识图谱的隐含语义表示提供了重要资源。在解决实体对齐问题方面，基于知识表示的方法起到了关键作用，它能把实体映射成高维空间向量，方便在不同知识领域进行对齐。然而，现有方法通常对不同关系下的三元组应用相同优化目标，忽视了关系间的差异。因此，一种基于 TransE 模型的实体对齐方法在研究者中得以提出，并结合自适应余量策略进行训练。在模型设计过程中，研究者也探讨了 LSTM 编码器模型和 BERT 预训练模型在实体对齐中的运用。为了提升模型的鲁棒性，研究者还提出了一种基于属性相似度的三重选择策略。

TransE 模型是一种经典的知识图谱嵌入方法，用于将实体和关系映射到连续向量空间。为了更好地适应不同关系的特性，引入了自适应余量策略，使得模型能够根据具体的关系动态调整学习的余量。此外，引入了 LSTM 编码器模型和 BERT 预训练模型，用于捕捉实体描述文本中的语义信息，以增强实体表示的语义表达能力。这种多模型结合的方法提供了更全面的信息视角，使得模型能够更好地理解实体之间的语义关系。

为了增强模型的鲁棒性，提出了基于属性相似度的三重选择策略。该策略不仅考虑了实体之间的相似度，还考虑了实体属性的相似度。这样，模型不仅仅依赖于实体本身的相似性，还会考虑实体属性的信息，从而提高了对齐结果的准确性和一致性。

在真实数据集上进行了广泛的实验，结果显示，相较于基线模型，提出的方法在实体对齐任务中取得了显著的改进。通过引入自适应余量策略和多模型结合，以及属性相似度的三重选择策略，模型不仅具备了更强的语义表示能力，而且在处理异质性知识图谱对齐时表现出色。

8. 鲁棒可信知识图补全的自适应知识子图集成

知识图谱嵌入方法已在基于内在结构信息的推断任务中广泛应用，以揭示隐含的未知事实。然而，当面临自动提取或众包构建的知识图谱时，噪声事实的存在可能会严重影响各类嵌入学习器的可靠性。因此，一些研究者提出了一种名为自适应知识子图集成（adaptive knowledge subgraph ensemble，AKSE）的方法，目标是提高知识图谱补全的鲁棒性和可信度。AKSE 的设计源于对噪声知识图谱处理能力降低的潜在原因的深入研究。

AKSE 采用一种高效的知识子图提取方法，从原始知识图中重新采样子成分，生成不同的表示。这些不同的表示用于训练多个基学习器，如 TransE 和 DistMult。这一策略极大地减轻了知识图谱嵌入的噪声影响。所有这些嵌入学习器都被集成到一个统一的框架中，通过一种简单或自适应的加权方案来减少泛化误差，其中权重根据每个学习器的预测能力分配。

实验结果明确显示，无论是针对人为添加的噪声，还是已有的内在噪声，AKSE 的集成框架在鲁棒性方面都明显优于当前的知识图谱嵌入方法。AKSE 的设计及其整合策略使其在处理噪声知识图谱方面表现出色，从而增强了知识图谱补全任务的可靠性与信任度。

AKSE 是一种充满潜力的方法，它为处理知识图谱中的噪声问题提供了一种有效的策略。通过整合多个学习器并采取自适应权重分配，AKSE 能增强知识图谱嵌入的鲁棒性，为知识图谱补全任务的深入研究提供了坚实的基础。

9. 基于自适应图网络的时序实体对齐

时空实体对齐任务的目标是在不同时间的知识图谱中找出语义相同但属于不同时间点的实体。虽然目前的实体对齐研究主要集中在静态实体对齐上，但时空实体对齐在现实世界应用中具有极大的价值。由于许多知识图谱中的事件（或实体）会随着时间的推移发生变化，因此直接将静态实体对齐模型应用于时序知识库往往无法实现理想的性能。为了解决这个问题，一些研究者提出了一种专为时序知识图谱设计的自适应图网络（adaptive graph network，AGN）。

AGN 模型采用了时间敏感的图注意力网络作为编码器，以便聚合相邻节点的特征和时序关系。为适应不同时间知识图谱的变化，设计了一种自适应相对误差损失最小化的训练策略，目的在于为模型提供实体在向量空间中的相对位置。此外，该模型还引入了一种基于监督信息的自适应微调距离算法，以自动调整实体在向量空间中的位置，进而用于实体对齐的相似性测量。AGN 模型的设计具有极高的扩展性，能够应对跨越多个时间知识图谱的实体对齐数据集。

我们在公共数据集以及新提出的噪声数据集上对 AGN 模型进行了深入的实验研究。实验结果揭示，AGN 模型在时空知识图谱数据集上展现出了卓越的性能，实现了最前沿的效果。这一模型的优势主要体现在其自适应性，能够适应知识图谱中不同时间点实体的变化，为时空实体对齐任务提供了一个强大且高效的解决方案。

参 考 文 献

[1] YOU J, YING Z, LESKOVEC J. Design space for graph neural networks[C]//The Thirty-fourth Conference on Neural Information Processing Systems. Virtual-only: Curran Associates, 2020: 17009-17021.

[2] WANG X, ZHANG Z, ZHU W. Automated graph machine learning: Approaches, libraries and directions[J]. arXiv Preprint arXiv:2201.01288, 2022.

[3] ZHANG Z, WANG X, ZHU W. Automated machine learning on graphs: A survey[J]. arXiv Preprint arXiv:2103.00742, 2021.

[4] HAN X, HUANG Z, AN B, et al. Adaptive transfer learning on graph neural networks[C]//The Twenty-seventh ACM SIGKDD Conference on Knowledge Discovery & Data Mining. Virtual Event: ACM, 2021: 565-574.

[5] VASSOYAN J, VIE J J, LEMBERGER P. Towards scalable adaptive learning with graph neural networks and reinforcement learning[J]. arXiv Preprint arXiv:2305.06398, 2023.

[6]　LIU X, DING J, JIN W, et al. Graph neural networks with adaptive residual[J]. Advances in Neural Information Processing Systems, 2021, 34: 9720-9733.

[7]　ZHANG Z, LU S, HUANG Z, et al. ASGNN: Graph neural networks with adaptive structure[J]. arXiv Preprint arXiv:2210.01002, 2022.

[8]　LI H, LI C, FENG K, et al. Robust knowledge adaptation for dynamic graph neural networks[J]. arXiv Preprint arXiv:2207.10839, 2022.

[9]　MAVROMATIS C, KARYPIS G. ReaRev: Adaptive reasoning for question answering over knowledge graphs[J]. arXiv Preprint arXiv:2210.13650, 2022.

[10]　MEI X, YANG L, CAI X, et al. An adaptive logical rule embedding model for inductive reasoning over temporal knowledge graphs[C]//The Fourteenth Conference on Empirical Methods in Natural Language Processing. Abu Dhabi: ACL, 2022: 7304-7316.

[11]　GUO Z, ZHANG C, FAN Y, et al. Boosting graph neural networks via adaptive knowledge distillation[C]//The Thirty-sixth AAAI Conference on Artificial Intelligence. Washington DC: AAAI. 2023: 7793-7801.

[12]　CAI H, LIAO W, LIU Z, et al. Coarse-to-fine knowledge graph domain adaptation based on distantly-supervised iterative training[J]. arXiv Preprint arXiv:2211.02849, 2022.

[13]　ZHANG Y, ZHOU Z, YAO Q, et al. AdaProp: Learning adaptive propagation for graph neural network based knowledge graph reasoning[C]// The Twenty-ninth ACM SIGKDD Conference on Knowledge Discovery and Data Mining. Long Beach CA: ACM, 2023: 3446-3458.